理想宅 IDEAL HOME
VR全景家装
设计风格图典

客厅·玄关·过道

理想·宅 编著

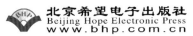

北京希望电子出版社
Beijing Hope Electronic Press
www.bhp.com.cn

内 容 简 介

本书按照当下流行的风格设定为现代、简约、工业、北欧、中式、日式、欧式、法式、美式、田园、东南亚、地中海 12 个章节，每个章节简要地介绍了各种风格的设计要点，然后辅以大量高清案例来表现设计亮点，且用简明拉线标注重点材料或软装。另外，每个章节配有相应的 VR 全景设计，不论是专业设计师、室内设计专业的学生，还是从事与室内设计相关行业的商家、对室内装修感兴趣的业主，都可以直观地了解家装设计的风格特点。

图书在版编目（CIP）数据

VR 全景家装设计风格图典 / 理想·宅编著 . — 北京：
北京希望电子出版社 , 2020.3
ISBN 978-7-83002-756-8

Ⅰ . ① V… Ⅱ . ①理… Ⅲ . ①住宅 – 室内装饰设计 –
图集 Ⅳ . ① TU241–64

中国版本图书馆 CIP 数据核字 (2020) 第 026268 号

出版：北京希望电子出版社

地址：北京市海淀区中关村大街 22 号 中科大厦 A 座 10 层

邮编：100190

网址：www.bhp.com.cn

电话：010-62978181（总机）转发行部

　　　010-82702675（邮购）

传真：010-62543892

经销：各地新华书店

封面：骁毅文化

编辑：安　源

校对：李　萌

开本：889mm×1194mm　1/16

印张：27

字数：630 千字

印刷：东莞市大兴印刷有限公司

版次：2020 年 3 月 1 版 1 次印刷

定价：168.00 元

前言
Preface

家居风格以不同的文化背景及不同的地域特色作为依据，通过各种设计元素来营造出一种特有的装饰风格。现代家居风格呈现出丰富多样的特性，每一种风格都彰显出一种独具特色的设计风情。对于初入行的设计师来说，只有掌握不同家居风格的设计要点，才能有效地针对居住者的需求，为其设计出符合心意的家居环境。

本书将从不同功能空间入手，以 12 种家居风格为基础，利用海量的实景图片展现不同风格在不同空间的表现，同时以拉线辅助说明每一种家居风格关键性的设计元素，进行全面细致的剖析。

除此之外，本书还贴心地加入 VR 全景设计，通过扫描二维码就能立即获得每种风格在不同功能空间下的立体全景图，不仅能增加阅读的趣味，也能对风格表现有更直观的理解。

理想·宅

目录
Contents

小贴士
TIPS

VR 全景案例 1

VR 全景案例 2

第一章

现代风格

现代风格提倡突破传统，创造革新，重视功能和空间组织，注重发挥结构构成本身的形式美，造型简洁，反对多余装饰，崇尚合理的构成工艺；尊重材料的特性，讲究材料自身的质地和色彩的配置效果；强调设计与工业生产的联系。

配色

现代风格在色彩搭配上较为灵活，既可以将色彩简化到最少，也可以用饱和度较高的色彩做跳色。

形状图案

现代风格一般由硬朗的线条构成，给人以整洁、利落的视觉感受；带有艺术感的几何形状，直线条也非常适用于现代风格。

材料应用

除了石材、木材等常用建材外，新型材料也同样受到现代风格的欢迎。

家具特征

现代风格的家具强调功能性设计，线条简约流畅。

装饰品选用

现代风格在装饰品的选择上较为多样化，只要是能体现出时代特征的物品皆可。

现代风格客厅

玻璃边几　　　　　　实木板式茶几

板式展示柜　　　　　条纹沙发

平直沙发　　　　　　石材电视柜

装饰抽象画　　　　　几何图案地毯

落地钓鱼灯　　大理石花纹电视背景墙

明蓝色沙发　　　　　个性灯具

方正板式茶几　　　创意装饰画

TIPS

跳跃色彩跳脱出完美现代风格客厅

现代风格的客厅想要在色彩上引人注目，可以使用非常强烈的对比色彩，创造出特立独行的个人风格。如采用不同颜色的涂料与客厅的家具、配饰等形成对比，打破客厅原有的单调。一般来说，富有现代感的客厅如果选用明快的色彩，可以令整个客厅尽显时尚与活泼。

创意家具　金属饰面板

金属造型家具　　组合金属边几

平直的无色系沙发　　　颜色跳脱的抽象装饰画

造型单人椅　　　　　　　　　玻璃茶几

直条纹地毯　　　　　　　板式收纳柜

布艺靠枕　　　　　　　　圆形组合茶几

大理石面茶几　　　　　　　金属摆件

平直线条茶几　　　　　简洁造型时尚吊灯

造型矮凳　　　　　　定制收纳柜　　　　　　　皮面扶手椅　弧线形不锈钢落地灯

曲线造型单人椅　　　　　　　　　　　　　纯色混纺地毯

组合茶几　　　　个性装饰品　　　　金属色鱼线灯　　　　颜色丰富的抽象装饰画

平直造型玻璃茶几　　　L 型沙发　　　　石材饰面　　　　黑色皮质沙发

金属装饰摆件　　　三角式造型茶几

大理石茶几　　　纯色长绒地毯

布艺靠枕组合　　　平直线条组合茶几

无色系几何图案墙纸　　　不锈钢桌灯

造型沙发　　　弧线形镂空隔断

板式收纳柜　　　平直布艺沙发

TIPS

现代风格客厅中玻璃的巧妙运用

　　玻璃饰材的出现，让人在空灵、明朗、透彻中丰富了对现代浪漫主义风格的视觉理解。同时它作为一种装饰效果突出的饰材，可以塑造空间与视觉之间的丰富关系。例如雾面朦胧的玻璃与绘图图案的随意组合最能体现家居空间的变化，是装饰玻璃中具有随意性的一种，它能较为自如地开创出一种赏心悦目的和谐氛围。

金属＋玻璃背景墙　　三脚探照灯

金属灯罩落地灯　　玻璃饰品

定制款板式储物柜　　　　　　石材墙面

平直线条电视柜　　　　　　纯色地毯

几何图案地毯　　　　　大理石茶几

组合茶几　　　浊色调皮面沙发　　　　直线条组合材质茶几　　　　实木板式书柜

造型茶几　　　　　　　　　　　灰色布艺沙发

不锈钢圆形茶几　　　　　　　　金属装饰摆件

不锈钢造型茶几

几何图案地毯　　　　　　　板式电视桌　　　　平直布艺沙发　　　　几何图案地毯

时尚灯具　　　玻璃装饰摆件　　　　条纹棉麻靠枕　　　实木板式茶几

TIPS

▼

现代风格客厅中家具的选用

　　在现代风格的客厅中，家具的造型，无疑是关乎家居品格的关键。一个好的造型，可以给人带来美感、愉悦感。因此在家具的选取上，首先要遵循美学中的对比关系：粗与细、圆与方、曲与直的对比，这些对比关系，可以令家具在造型上和谐、大方、现代感十足。但现代家具也并不是只要好看、奇特就行，还要使用起来方便。

不锈钢球形吊灯　　　　　组合材质家具

创意茶几　　　　石材背景墙

玻璃展示架　　　　　不锈钢凳

不规则金属茶几　　　　夸张造型座椅

现代风格玄关

定制收纳玄关柜　　　　个性墙面设计

整体多色玄关柜　　　　　玻璃隔断　　　　木材饰面板

木饰墙面　　　　　　　玻璃装饰摆件

现代风格过道

弧形吊顶

木饰面板　　　　　　　板式收纳柜

金属造型摆件　金属镂空隔断

⟜TIPS⟝
▼

运用时尚与个性的元素打造现代风格过道

　　现代风格的居室离不开时尚与个性的元素。在过道这个不大的空间中，如何体现现代感，成为一个家居命题。其实，在过道中体现现代感很简单，无论是吊顶的色彩变换，还是背景墙的时尚打造，抑或体现现代气息的饰物，都能为过道这个狭小的空间带来一份时代感。

实木饰面板   抽象装饰画   曲线墙面造型   抛光砖

大理石地砖   玻璃饰材   大理石花纹瓷砖

第二章

简约风格

　　简洁、实用、省钱，是简约风格的基本特点。其风格的特色是将设计元素、色彩、照明、原材料简化到最少的程度，但对色彩、材料的质感要求很高。因此，简约的空间设计通常非常含蓄，往往能达到以少胜多、以简胜繁的效果。

配色

简约风格通常以黑白灰为大面积主色，也会使用搭配黄色、橙色、红色等亮色进行点缀。

形状图案

简约风格中不会出现烦琐的线条及造型，多用直角和直线来表达空间构成。

材料应用

简约风格在材料的选用上依然遵循简洁、实用的理念，一般花费不会很高，却可以充分营造出风格特点。

家具特征

简约风格的家具主张一切从实用角度出发，废弃多余的附加装饰，点到为止。

装饰品选用

简约风格配饰选择应尽量以实用方便为主，陈列品设置应尽量突出个性和美感。

简约风格客厅

抛光砖　　　　　低矮茶几

鱼线形吊灯　　　　高纯度黄色座椅

纯色涂料　　极简造型座椅

素色纱帘　　　　绿色簇绒地毯　　　　多功能边几　　　几何图案靠枕

TIPS

清爽不杂乱是简约风格客厅的精髓

　　要想塑造简约风格的客厅空间，首先要清除掉家中不需要的杂物，再利用设计巧妙、人性化的家具将小东西收拾好，让家里看起来清爽、不杂乱。然后，再用流行色来装点空间，突出流行趋势，可以选择浅色系的家具，如白色、灰色、棕色等自然色彩，结合自然主义的主题，设计灵活的多功能家居空间。这是简约风格的精髓。

金属钓鱼落地灯　　　　　　姜黄色抽象装饰画　　　　　　纯色窗帘　　　　低矮单人椅

冷色系布艺靠枕　　　　　混合材质茶几　　　　　实木电视柜　　　　　　无脚沙发

黑白装饰画　　　多功能茶几　　　　　　　多功能书架　　　色彩鲜艳的组合靠枕

低矮单人椅　　　　无脚沙发　　　　　　　无色系布艺沙发　　　蓝色混纺地毯

多功能收纳电视柜　　格纹布艺靠枕　　　　　实木圆几

低矮家具　　　　　　　　　直线条原木家具　　多功能组合收纳柜　　低矮扶手椅

实木电视柜　　　　　　　　　　　　　　　　低矮布艺沙发

简约花艺　　　　　　金属色落地灯　　　　　　　　　　多功能电视柜

灵活小巧的圆形茶几　　原木家具　　　　　　原木家具　　　　　　铁艺茶几

简约造型落地灯　　　　　直线条板式储物柜

简洁感装饰画　　　　　无色系简约电视柜

极简造型落地灯　　　　　纯色地毯

暗红色高背单人椅　　低矮皮沙发

菱格簇绒地毯　　　　实木茶几

懒人沙发　　　无脚沙发

简约风格客厅中直线条的点睛运用

　　线条是空间风格的架构，简洁的线条最能表现出简约风格的特点。要塑造简约的客厅空间，一定要先将空间线条重新整理，整合空间中的垂直线条，讲求对称与平衡；不做无用的装饰，呈现出利落的线条，让视线不受阻碍地在空间中延伸。

皮质沙发　　　　　红色躺椅

极简造型茶几　　简洁造型墙饰

色彩跳跃的无框画　　　　创意茶几

极简造型可调节灯具　　　复合地板

组合黑白装饰画　　　　灰色棉麻布艺沙发

棉麻平开帘　　　　无色系布艺沙发

组合茶几　　　　直线条米白色布艺沙发

简约造型灯具　　　　棕色单人座椅

简约风格玄关

整体式玄关柜　　　亮黄色装饰　　　　　　　　　　　　无色系橱柜

灰色石材地砖　　黑白装饰画

简洁造型的装饰品

纯色换鞋凳　　隐藏式收纳墙面柜

无修饰橱柜

极简造型玄关柜　　简洁造型衣帽架　　隐藏灯带　　　　多功能化玄关柜

个性装饰　　　　　　　　　素雅花艺＋陶瓷花瓶

简约风格过道

弧形吊顶

木饰面板　　　　　　　　　　　板式收纳柜

金属造型摆件　金属镂空隔断

TIPS

▼

细节打造生动的简约风格过道

过道的空间一般过于狭长，很容易给人带来局促感，尤其是简约风格的过道，稍不注意就会步入平淡、单调的误区。因此在塑造简约风格的过道时，墙面可以选择简约风格常用的白色或自然色，但可以利用吊顶和过道尽头的造型来为空间带来生动的表现。

纯色纱帘　　　　镜面材料　　　　　　多功能墙柜　射灯组合

通体砖　　　　黑白装饰画　　　　　　简洁的抽象画

VR 全景案例 5

VR 全景案例 6

第三章

工业风格

工业风格是一种在形式上对现代主义进行修正的设计思潮与理念，常在室内设置夸张、变形的家具，或把古典构件的抽象形式以新的手法组合在一起，即采用非传统的混合、叠加、错位、裂变等手法和象征、隐喻等手段来塑造室内环境。

配色

工业风格色彩要突显出颓废与原始工业化的特征，大多采用水泥灰、红砖色等作为主体色彩。

形状图案

工业风格造型和图案也打破传统的形式，夸张怪诞的图案广泛运用。

材料应用

工业风格的空间多保留原有建筑材料的部分容貌，令空间兼具奔放与精致。

家具特征

工业风格家具可以让人联想到上世纪的工厂车间，从细节上彰显粗犷、个性的格调。

装饰品选用

工业风不刻意隐藏各种水电管线，而是透过位置的安排以及颜色的配合，将它化为室内的视觉元素之一。

工业风格客厅

皮质沙发　　　　　　水泥墙面

不加修饰的顶面　　　　不锈钢灯

水泥彩光地　　　　皮质躺椅

裸露的管线　　　不加修饰的水泥墙面

红砖墙　　　　　　混材家具

分子灯　　　铁艺茶几

TIPS

工业风格的软装色彩需体现个性效果

　　工业风格家居的最大魅力来自色彩给人的个性效果。由于工业风格给人的感觉是冷峻、颓废的，在软装色调的运用上往往会采用高明度和暗彩度中的无彩色系，如白色、黑色、灰色的冰冷感，用木色调节温度，也会用到少量的亮彩度点缀，如明亮的黄色、红色。

红砖背景墙　　　　　铁艺边几

裸露的顶面　　　　编藤座椅

裸露的砖墙　　　　铁艺收纳柜

033

红砖墙   金属茶几

水泥背景墙   明轨射灯

红砖墙   做旧茶几

皮沙发   金属皮箱造型茶几

复古装饰

创意装饰画   高纯度造型躺椅

麻布躺椅　　　　　　　　　　铁艺收纳柜　水管装饰　　　　　　复古创意茶几

复古皮箱造型茶几　　　　　　蛋椅

金属椅   金属分子灯   多头金属灯具   多头金属灯具

蛋椅   铁艺收纳柜   金属框架布艺沙发   水泥背景墙

红砖修饰　　　　　皮质地毯

裸露红砖

砖墙　　　　　创意装饰画

白色砖墙　　　　　皮质座椅

明装射灯　　　　　铁艺材质茶几

麻绳烛台吊灯　　　　　金属座椅

TIPS

扭曲、不规则的线条是工业风格的特征

　　工业风格的居室最喜欢用扭曲或者不规则的线条来塑造空间表情。这样的线条可以用于空间的构成上，例如两个空间之间的分隔不再用传统的墙体加门的形式来塑造，而改用在实体墙上挖出一个造型感极强的门洞；或者悬挂无规则的线索悬浮吊灯，都可以令家居环境呈现出个性化的特质。

个性白色砖墙

裸露的管线　　　　　　　　　　多线条抽象装饰画

探照灯　　　　　　　　水泥墙面

皮沙发　　　　　　做旧茶几

明装射灯　　　　红砖装饰墙

水泥板块　　　动物造型皮毛地毯

线索悬浮吊灯

水泥花盆　　　　　钢木结构玻璃隔断

做旧金属灯罩吊灯　　不锈钢壁灯

铁艺收纳柜　　　　不加修饰的管道

斑驳的砖墙　　　　金属茶几

自行车装饰　　　　铁艺复古茶几

红砖墙　　　　抽象装饰画

工业风格玄关

工业风格常见金属与旧木结合的家具

工业风的家具常有原木的踪迹。许多金属制的桌椅会用木板来作为桌面或者是椅面，如此一来就能够完整地展现木纹的深浅与纹路变化。尤其是老旧、有年纪的木头，做起家具来更有质感。除了桌面以外，木制的梁柱也可以是室内吸睛的特色之一。

钢木家具

马头造型壁灯　　裸露的管线

明装射灯

工业风格过道

裸露的灯泡　　　　　　　　　　　　金属感置物架

水泥灰亚光地砖　　　　　皮面沙发

钢木＋玻璃隔断

老虎椅　　　　　红砖墙　　　　　　　　红砖墙　　　谷仓门

水泥墙面　　　　线索悬浮吊灯　　　钢木家具　　　　　红砖墙

VR 全景案例 7

VR 全景案例 8

第四章

北欧风格

　　北欧风格以简洁著称于世，崇尚极简主义，注重流畅的线条设计。在软装色彩中，采用浅淡的颜色，用纯色的跳色点缀。家具中喜爱原木形态，用最直接的线条勾勒，打造朴实、淡雅的原始韵味与美感。装饰品中常用鹿头壁挂、铁艺装饰物等点缀空间。

配色

北欧风格的家居配色浅淡、洁净、清爽，给人一种视觉上的放松。

形状图案

北欧风格室内空间大多横平竖直，基本不做造型，体现风格的利落、干脆。

材料应用

天然材料是北欧风格室内装修的灵魂，如木材、板材等。

家具特征

北欧家具一般比较低矮，以板式家具为主，尽量不破坏原本的质感。

装饰品选用

北欧风格饰品不会很多，但很精致。常见简洁的几何造型或各种北欧地区的动物。

北欧风格客厅

黑框装饰画   小圆茶几

绿植装饰画   亮黄色休闲椅

几何图案地毯   原木茶几

麋鹿头装饰   几何图案靠枕

照片墙   灰色棉麻布艺沙发

✦TIPS✦

▼

北欧风格使用中性色进行柔和过渡

　　用黑色、白色、灰色营造强烈效果的同时，利用稳定空间的元素打破视觉膨胀感，如用素色家具或中性色软装来压制。如沙发尽量选择灰色、蓝色或黑色的布艺产品，其他家具选择原木或棕色木质，再点缀带有花纹的黑白色抱枕或地毯。

几何图案地毯　　　　木框架布艺沙发

黑框装饰画　　纯色布艺靠枕

悬挂绿植　　　　天鹅椅

照片墙　　　　无脚布艺沙发

原木茶几

符合人体工学的休闲椅　　　　黑框装饰画

线条简练的壁炉

兽皮地毯　　　　木框架布艺沙发

白色吸顶灯

照片墙　　　　素色纱帘

亮色布艺靠枕　几何图案地毯　　　　　　　　　　绿植装饰画　　编藤座椅

白色砖墙　　　　　　　　　　　　　　　　懒人沙发

可折叠休闲椅　　　　原木茶几

板式茶几

麻编地毯

极简线条壁炉　　金属鱼线灯

伊姆斯休闲椅　照片墙

白色懒人沙发　黑框装饰画

金属灯罩灯　黑框装饰画

黑框装饰画　条纹布艺座椅

绿植

照片墙

TIPS
▼

北欧风格善用图案和色彩来表现风格特征

在布艺的选择上,北欧风格偏爱柔软、质朴的纱麻制品,如窗帘、桌布等都力求体现出素洁、天然的面貌。北欧风格的地毯和抱枕,则偏重于用图案和色彩来表现风格特征,常见的有灰白、白黑格子图案,黄色波浪图案、粉蓝相间的几何图案等。

照片墙　　　　　　　几何图案地毯

线条简练的壁炉　　　　　符合人体工学的躺椅

布艺沙发　　　　　藤制收纳篮

照片墙

兽皮地毯

可调节台灯　　　　极简壁炉　　　　鹿图案靠枕　　　　照片墙

绿植装饰画　　白色布艺沙发　　　　　　　几何图案地毯　　熊头装饰

白漆木桌　金属罩吊灯　　　　　　　　　　黑框装饰画

绿植　　装饰画墙　　　　　　　　　　　　黑框装饰画　　玻璃宽口花瓶

北欧风格玄关

白色装饰物件

TIPS
▼

**以人为本、
崇尚自然的
设计理念**

　　北欧设计
既注重设计的
实用功能，又
强调设计中的
人文因素，同
时避免过于刻
板的几何造型
或者过分装饰，
恰当运用自然
材料并突出自
身特点，开创
一种富有"人
情味"的现代
设计美学。

小牛造型换鞋凳　　　　　　藤编盆套　　　　　　白漆门　　　　　金属鱼线灯

白色实木玄关柜　　　　　　木饰面板　　　黑板漆

北欧风格过道

TIPS

▼

追求个性化和品味化的装饰格调

北欧风格注重个人品位和个性化格调，饰品不会很多，但很精致。常见简洁的几何造型或各种北欧地区的动物。另外，鲜花、干花、绿植是北欧家居中经常出现的装饰物，不仅契合了北欧家居追求自然的理念，也可以令家居容颜更加清爽。

麻编地毯

白色小方砖　　　　绿植

白色实木衣柜　　　　原木拼接地板

第五章

中式风格

中式家居风格不是纯粹的元素堆砌，而是将现代元素和传统元素结合在一起。空间主色常以干净的白色加自然的木色为基础色彩，软装色则常见经典的白、黑、灰，黄橙色系和青花瓷蓝也是常见色。在装饰物中，以青花瓷、茶案、仿古灯、水墨山水画等元素点缀。

配色

中式风格色彩以黑、白、灰色为基调，搭配米色、棕色系或红、黄、蓝、绿等作点缀色彩。

形状图案

中式风格在造型、图案的设计上以内敛沉稳的中国元素为出发点。

材料应用

中式风格的主材往往取材于自然，但也不必拘泥。

家具特征

中式风格家具既遵循着传统美感，又加入了现代生活简洁的理念。

装饰品选用

中式风格在装饰品选择上以能创造富有中式文化意韵的家居环境的为主要。

中式风格客厅

花鸟图案中式鼓凳　　中式圈椅

仿古吊灯　　实木茶几

花草纹饰壁纸　　中式鼓凳

中式瓷瓶插花　　茶案

仿古落地灯　　改良中式座椅

中式纹饰地毯　　实木榻

线条简练的中式家具是关键

传统中式风格中庄重繁复的家具使用率减少，取而代之的是线条简单的现代中式家具，弱化传统中式居室带来的沉闷感。另外，像坐凳、简约化博古架、屏风这类传统的中式家具，也常常会出现。

现代沙发　　　　　　　改良圈椅　　　　　花卉装饰画　　　　　淡雅中式桌旗

陶瓷摆件　　　　　中式雕花茶几　　　　仿古台灯　　　　　中式水墨挂画

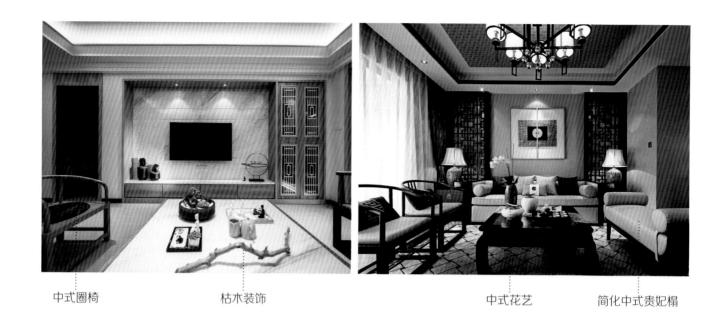

中式圈椅　　　　　　　　枯木装饰　　　　　　　　中式花艺　　　　　　　　简化中式贵妃榻

水墨装饰画　　　　　　　灯笼吊灯

中式圈椅　　　　　　　　白色鼓凳　　　　　　　　水墨装饰画　　　　　　　青花瓷台灯

中式水墨屏风　　　　紫砂壶　　　　　　现代沙发

花鸟图案壁纸墙　　　　　　　　　　改良圈椅

山水水墨屏风　　　　中式纹饰靠枕　　　　简约博古架　　　　中式四联装饰画

中式家具　　　　水墨五联画　　　　缎面靠枕

伊姆斯休闲椅　照片墙

白色懒人沙发　　　　黑框装饰画

实木茶几　瓷器摆件

素雅花艺

桌旗　　　　　　茶案

中式花艺　　　　　中式鼓凳

中式风格玄关

改良官帽椅

中式摆件　　实木雕花玄关柜

实木几案　　成对瓷器装饰

瓷器摆件

中式纹样背景墙

中式纹样玄关柜

改良圈椅

花卉装饰画

中式风格过道

> ## TIPS
> ▼
>
> ### 中式风格善用简洁硬朗的直线条
>
> 　　在新中式风格的居室中，简洁硬朗的直线条被广泛地运用，不仅反映出现代人追求简单生活的居住要求，更迎合了新中式家居追求内敛、质朴的设计风格，使"新中式"更加实用、更富现代感。

扇形壁饰　　　青砖装饰

实木几案

素雅花艺

中式水墨挂画　　实木装饰线　　　　　　　中式家具　　鸟笼造型吊灯

仿古落地灯　　　改良中式实木家具　　　　水墨花卉挂画　　瓷器装饰

第六章

日式风格

日式风格给人一种特别简洁的感觉。在家居设计时，没有过于繁琐的装饰，更讲求空间的流动性。由于日式风格注重与大自然相融合，所用的装修建材也多为自然界的原材料。

配色

日式风格在色彩上不讲究斑斓美丽，通常以素雅为主，淡雅、自然的颜色常作为空间主色。

形状图案

日式风格很少采用带有曲度的线条，图案方面常见樱花、日式和风花纹等。

材料应用

日式风格所用材料多为自然界的原材料，如木质、竹质、纸质、藤制等天然绿色建材。

家具特征

日式家具低矮且体量不大，布置时的运用数量也较为节制，力求保证原始空间的宽敞、明亮感。

装饰品选用

日式风格家居中的装饰品同样遵循以简化繁的手法，求精不求多。

日式风格客厅

竹编吊灯　　　　　　　　　木框架布艺沙发

天然棉麻质感的沙发

纯色棉麻地毯　　素雅的木色茶几

障子格栅门

低矮、小巧的茶几　　　　白色布艺沙发

和风装饰画

草编卷帘　　　　日式花艺　　　　　　　　　　　　　　榻榻米　日式推拉门

和风宣纸灯具　　枯莲土瓶装饰　　　　　　　　　　低矮实木的电视柜　　　　小巧简约的装饰

TIPS

装饰品需要体现风格特征，也要具有禅意感

在日式风格的家居中装饰品虽然不多，但要求能够体现出独有的风格特征。像招财猫、和风锦鲤装饰、和服人偶工艺品、浮世绘装饰画等，都是典型的日式装饰。另外，日式风格需要体现侘寂情调，因此清水烧茶具、枯木装饰也很常见，体现出浓浓的禅意风情。

实木电视柜　　实木混材躺椅

素雅的纯色靠枕组合　　净色棉麻布艺沙发

实木框装饰相片　　　实木茶几

淡雅色彩棉麻座椅

日式升降桌　和风宣纸灯具

藤编地毯　　　蒲团坐垫

日式风格玄关

蒲团　天然材质换鞋凳　　　藤凳　　　　　　　实木换鞋柜

实木玄关柜

日式花艺　　　实木无花门

日式风格过道

障子门窗　　　和风装饰画

木色家具

直线条家具

第七章

欧式风格

　　欧式风格不再追求表面的奢华和美感，而是更多地解决人们生活的实际问题。在保持现代气息的基础上，变换各种形态，选择适宜材料，配以适宜色彩，极力让厚重的欧式家居体现一种别样奢华的"简约风格"。

配色

欧式风格色彩高雅而唯美，多以淡雅的色彩为主，象牙白、米黄色等是比较常见的主色。

形状图案

欧式风格以简单的线条代替复杂的花纹，如墙面、顶面采用简洁的装饰线条构建层次。

材料应用

欧式风格软装饰充分利用现代工艺，其中铁制品给人的印象非常深刻。

家具特征

欧式风格的家具一般会选择简洁化的造型，减少了古典气质，增添了现代情怀。

装饰品选用

欧式风格注重装饰效果，用室内陈设品来增强历史文脉特色，往往会照搬古典设施、家具及陈设品来烘托室内环境气氛。

欧式风格客厅

线条简化的复古家具　　　　简洁的石膏装饰线

描金漆茶几　　　　天鹅绒面贵妃榻

星芒装饰镜　　　　曲线贵妃榻

星芒装饰镜　　复杂装饰顶面

水晶吸顶灯　　　　镜面装饰

猫脚家具　　　　金属台灯

**欧式风格善用明亮的
色彩打造轻奢环境**

欧式风格的家居魅力在于去掉厚重、深沉的色彩，打造明亮、轻奢的环境。在软装色调的运用上往往会采用浅色调为主的色彩，如象牙白、蓝色、浅紫色等；而象低彩度的暗浊色调、暗色调在空间运用比例相对会少些。

大花羊毛地毯　　　　欧式烛台吊灯　　　　　　　曲线沙发　　　　弯脚座椅

曲线沙发　　　　猫脚座椅　　　　　　　铁艺枝灯　　　　石膏装饰线

流苏窗帘 欧式花纹墙纸

华丽水晶片吊灯 绒布沙发

成对壁灯　　　　欧式壁炉

线条简化的复古茶几　　　　欧式壁炉

油画作品　　　　简化的欧式帘头

水晶装饰　　　　欧式皮沙发

大理石拼花地面　　　　描金漆家具

描银漆家具　　　　欧式水晶吊灯

金属框装饰画　　　　欧式花艺

欧式烛台吊灯　　　　弯脚雕花茶几

欧式茶具　　　　缎面靠枕

菱形图案地毯　　　　欧式拉扣沙发

曲线沙发　　　　　　欧式护墙板　　　　菱形图案地毯

陶瓷台灯　　　　　花纹靠枕　　　　　　简化的复古凳

曲线皮面沙发　　　欧式插花　　　　　　奶皮地毯　　　　高靠背扶手椅

流苏窗帘　　　　　　　　　　　　　　　　　金属框架布艺座椅

装饰镜　　　造型精致的水晶吊灯

曲线沙发　　欧式花艺

金属摆件　　华丽水晶灯

大花簇绒地毯　　雕花扶手椅

猫脚座椅　　欧式烛台吊灯

描金漆欧式家具　　带穗窗帘帘头

欧式风格玄关

拼花地砖　　　　星芒装饰镜

欧式烛台吊灯　　猫脚实木玄关柜

油画作品

石膏线吊顶

金属框穿衣镜

镜面材料

几何图案窗帘

欧式玄关柜　　　陶瓷装饰

欧式风格过道

TIPS

▼

用壁纸打造不同欧式风格客厅的墙面

　　欧式风格的壁纸具有细腻的纹理感，它与大气的色彩相结合，使得客厅的墙面散发出优雅与贵气的气息，古典欧式风格主要采用大马士革花的图案壁纸装饰墙面，以黄色、金色、奶白色等的花纹壁纸居多；简约欧式风格则选用融入现代元素图案的壁纸；田园欧式风格采用清新、舒适的小碎花图案壁纸，以粉绿色、白色、粉色的小碎花纹壁纸居多。

石膏装饰线　　陶瓷台灯

金属＋镜面材料

金属玄关柜　　欧式水晶台灯

石膏线装饰

金属框装饰画

猫脚家具

金属框装饰画

第八章

法式风格

　　法式风格崇尚贵族格调，高贵典雅。细节处理上运用了法式廊柱、雕花、曲线，制作工艺精细考究，点缀在嫩绿、粉红、玫瑰等自然色中，彰显独特的冲突之美。

配色

法式风格配色追求的是宫廷气质和高贵而低调奢华的感觉，同时又具有一点田园气息。

形状图案

法式风格尽量不使用水平的直线，而是多变的曲线和涡卷形象，变化极为丰富。

材料应用

法式风格材料以樱桃木、榆木、橡木居多，而镀金铁艺则可以彰显出灵动感。

家具特征

法式风格的家具很多表面略带雕花，配合扶手和椅腿的弧形曲度，显得更加优雅。

装饰品选用

法式风格装饰品多会涂上靓丽的色彩或雕琢精美的花纹，体现出法式风格的精美质感。

法式风格客厅

尖腿座椅　　　　　　　　欧式花纹扶手椅

水晶镀金吊灯　　描金漆家具　　　颜色艳丽的宫廷插花　　帘头华丽的罗马帘

象牙白家具　　猫脚描金边沙发　　　猫脚家具　　大幅油画作品

花纹繁复的镜框

法式风格软装配色以体现浪漫、华贵为主

法式风格常用木质洗白的手法与华贵、艳丽的软装色调来彰显其独特的浪漫贵族气质；其中金色是最常出现的色彩，这种色彩最能给人带来视觉上的奢华感。但是，除了奢靡、艳丽的色彩，法式风格中也会出现一种十分干净的配色形式，即白色＋湖蓝色的搭配，这种配色浪漫中不失清雅风情。

银质茶具　法式挂毯

花朵纹案的羊毛地毯

铁艺茶几　　　金属色烛台吊灯

提花抱枕组合　　　　　法式罗马帘

法式水晶台灯

镀金灯具　　法式花卉茶具

大幅人物装饰油画　　　　法式花纹墙纸

硬木雕刻茶几　复杂花纹地毯

描金漆家具　　　　繁杂吊顶

象牙白猫脚家具　　法式花纹羊毛地毯

镀金摆件　水晶吊灯　　　　　　　　　　　　法式水晶吊灯　繁盛花卉地毯

水晶烛台吊灯　　　镀金雕花装饰镜　　　　　花纹繁复的镜框　　　猫脚家具

▼

法式家具实现了艺术与功能的完美统一

　　法式风格的家具排除了造型装饰追求豪华、故作宏伟的成分，夸大了曲面多变的流动感。柔婉、优美的回旋曲线，精细、纤巧的雕刻装饰，再配以色彩淡雅秀丽的织锦缎或刺绣包衬，实现了艺术与功能的完美统一。

法式水晶吊灯　　仿旧茶几

复古花器

法式风格玄关

铁艺壁灯　　欧式鸟类造型烛台

花纹繁复的镜框　复古花器

成对黄铜烛台　　猫脚玄关柜

宫廷插花

法式风格过道

人物雕像   镀金雕花座椅   罗马杆   石膏雕像

拱形门洞   弯腿家具   水晶烛台吊灯

镀金灯具

石膏装饰陈设　　硬木雕花猫脚玄关桌

流苏罗马帘　　　　　　人物雕像　　　　　　精致雕花装饰镜　　　织锦缎家具

布艺要充分体现出法式贵族的奢华风情

　　法式宫廷风格的布艺常见丝绒、割绒、天鹅绒、锦缎、薄纱、蕾丝等材质，款式一般比较繁复，常见褶皱、花边点缀，色彩上也比较炫目，妆点出法式贵族的奢华风情，同时带来一种温馨、幸福的家居环境。

花纹繁复的镜框　　　　　　烛台壁灯

VR 全景案例 17

VR 全景案例 18

第九章

美式风格

美式风格摒弃了繁琐和豪华,并将不同风格中的优秀元素汇集融合,以舒适为导向,强调"回归自然"。不论室内用材、家具、工艺品均体现这一特点。

配色

美式风格配色离不开来源于自然的色调,如绿色、土褐色均较为常见。

形状图案

圆润可爱的线条可以营造出美式风格的舒适和惬意感觉。

材料应用

美式风格自然、质朴,木材是必不可少的室内建材,硬装主要表现在藻井吊顶和实木地板之中。

家具特征

美式家具既包含了欧式古典家具的风韵,又少了皇室般的奢华,更注重实用性,兼具功能与装饰性,强调了美国独特的文化内涵。

装饰品选用

各种繁复的花卉、盆栽是美式风格非常重要的装饰元素。

美式风格客厅

铁艺茶几

弧形扶手沙发　　混材茶几

水晶镀金吊灯

麻绳吊灯　　布艺老虎椅

纯色布艺沙发　　直线条混材茶几

旧木色茶几　　无色系棉麻布艺沙发

棉麻布艺是美式风格中的重要装饰

　　布艺的天然质感与美式乡村风格追求质朴、自然的基调相协调，因此成为空间中重要的运用元素，广泛运用在窗帘、抱枕、床品等领域。其中，本色的棉麻是主流，也常见色彩鲜艳、花朵硕大的装饰图案。

复杂图案棉麻布艺靠枕　　铁艺枝灯

混色布艺靠枕　　带铆钉的皮沙发

实木茶几　　米棕色布艺扶手椅

带铆钉实木茶几　　素色棉麻地毯

线条简化的木边几　　裙边布艺沙发

纯铜吊灯　　麋鹿造型装饰摆件

小型装饰绿植　　纯色棉麻布艺靠枕

纯色布艺沙发

纯色布艺沙发　　　　纯色布艺沙发

弧形扶手沙发

带铆钉的沙发　　　　花鸟装饰画

铁艺装饰品

金属拉锁茶几　几何图案混纺地毯

线条简化的木家具　　皮质座椅

── TIPS ──
▼

美式风格的配色更为丰富

现代美式风格的配色和美式乡村风格的配色差异较大，告别了棕色、绿色大面积的使用，大多是将背景色调整为旧白色，令空间显得更加通透、明亮，但家具色彩依然延续较为厚重的木色调。另外，软装饰品的配色更为丰富，常会出现红、蓝，红、绿的比邻配色。

自然图案的棉麻抱枕　高纯度花瓶装饰

弧形扶手沙发　　　　铆钉布艺沙发

纯铜吊灯　　实木无雕花茶几

带铆钉的皮沙发　　　　　仿古砖

纯色布艺沙发　　　　自然风格装饰画

自然图案的棉麻抱枕　　宽大皮质座椅

花卉油画　　　　棕灰色棉麻布艺沙发

混色条纹布艺沙发　　　　纯色布艺抱枕

美式风格玄关

线条简化的木家具

铁艺装饰壁灯

与马有关的装饰画　铁艺装饰灯

点状型插花

美式风格过道

花卉绿植的选用要小而精美

由于现代美式风格的装饰品大多小巧、精致，因此在采用花卉绿植装点空间时，其体量也不宜过大，区分于美式乡村风格喜好大型盆栽的特点。另外，在运用花卉来增添空间生机时，最好选用单一，且花形小而多的点状性花材，可以增添空间精美气息。

绿植壁挂装饰　棕色榉木边柜

鹦鹉形态的装饰　仿旧手绘木家具

拱形门

第十章
田园风格

　　田园风格是通过装饰装修表现出田园的气息，倡导"回归自然"，力求表现悠闲、舒畅的田园生活情趣。其风格类型涵盖较多，但均以体现自然风情为主要诉求。

配色
来源于自然的色彩，如木色、红色、绿色等在田园风格中的曝光率均较高。

形状图案
能够彰显自然风情的碎花，甜美的格子图案，以及简洁利落的条纹，均适用于田园风格。

材料应用
田园种风格均适用仿古砖、木地板等亚光材质，避免使用玻化砖等具有光亮感的材质。

家具特征
田园家具多常用实木等做框架，外形质朴、素雅，线条细致、精美。

装饰品选用
为具有自然感的装饰物，如木质相框照片墙、绿植等，可以营造浓郁的田园风情。

田园风格客厅

条纹布艺家具　　　　花卉装饰画

低姿家具　　　　低姿家具

树脂木偶摆设　　　　碎花布艺家具

素瓷台灯　　　　素雅的装饰花卉

实木摇椅　　　　藤编电视柜

TIPS

田园风格软装色彩要体现出清雅的复古韵味

　　由于田园风格以追求自然韵味为风格理念，因此除了带有浓郁自然气息的棕色系被大量使用外，红色、绿色等具有活力和生机的色彩也会常用。需要注意的是，红色、绿色等色彩不宜大面积使用，多作为点缀色的软装出现，且色调一般以浊色为主，少见浓烈、抢眼的纯色调。这是简约风格的精髓。

格纹布艺沙发套　　　　礼帽吊灯

花卉装饰画　　苏格兰格子布艺

碎花高背扶手椅　　　　碎花壁纸

条纹靠枕　　　　　　　格纹清新色彩沙发

鸟类图案壁纸　　　　　铁艺吊灯

复古造型灯座的台灯　　花卉地毯

低姿沙发　　　　　　　绿色布艺窗帘

碎花布艺扶手椅

小鸟装饰吊灯　　　　　花卉图案抱枕

植物花纹装饰帘　　木质相框照片墙

铁艺枝灯　　混色布艺窗帘

田园风格玄关

绿植壁纸

条纹沙发   绿色擦漆木边几

花卉壁纸   布艺灯罩台灯

田园风格过道

盘状装饰　白色风灯装饰

镂空装饰门洞　　　花卉装饰画

仿旧瓷砖

花卉图案白色家具　　　　花鸟植物装饰画

第十一章
东南亚风格

　　东南亚风格是一种结合了东南亚民族岛屿特色及精致文化品位的家居设计方式，以热带雨林的自然之美和浓郁的民族特色风靡世界，多适宜喜欢静谧与雅致的人群。这种风格擅用绚丽的色彩、天然的原材料，以及带有东南亚风情的独特图案来营造风格特征。

配色
东南亚风格在色彩上多来源于木材和泥土的褐色系，体现自然、古朴、厚重的氛围。

形状图案
东南亚风格的家居中，图案主要来源于两个方面：一种是以热带风情为主的花草图案，另一种是极具禅意风情的图案。

材料应用
东南亚风格室内取材基本是源于纯天然材料，如藤、木、棉麻、椰壳、水草等。

家具特征
东南亚风格的家具虽然外观宽大，但具有牢固的结构，讲求品质的卓越。

装饰品选用
东南亚风格工艺品富有禅意，蕴藏较深的泰国古典文化，也体现出强烈的民族性，主要表现在大象饰品、佛像饰品的运用。

东南亚风格客厅

东南亚吊扇灯　　木雕座椅

大象造型矮凳　　低姿家具

佛头装饰　　　　莲花墙饰

木皮灯　　　锡器

泰丝靠枕　木雕画

木雕画　　　　泰丝靠枕

TIPS

▼

东南亚风格可用米色缓解
刺激配色的视觉压力

东南亚地处热带，气候闷热潮湿，在家居装饰上常用夸张艳丽的色彩冲破视觉的沉闷，常见红、蓝、紫、橙等神秘、跳跃的源自大自然的色彩。但若不喜欢过于刺激的配色，则可用米色墙面替代白色墙面，与其他色彩，特别是暗色搭配，会显得柔和很多。这是简约风格的精髓。

椰壳板背景墙   木雕画

宗教装饰摆件

深色木雕沙发   色彩鲜艳的琉璃吊灯

实木茶几

椰壳板背景墙　　　　实木框架布艺沙发　　　　　　金箔壁挂　东南亚吊扇灯

莲花装饰　　　　木雕烛台

藤编座椅　　　竹编灯

莲花装饰画　　　　佛头装饰

藤编座椅　　　　实木装饰线

佛头装饰

色彩艳丽的地毯　　　雕花茶几

藤编沙发　　　　实木镂空隔断

127

实木雕花框架布艺沙发　　　　　　　木雕画　　　　　　　　　木皮吊灯

原木圆形茶几　　热带风情植物装饰　　　　　泰丝靠枕　　　　　　　　藤编沙发

TIPS

色彩艳丽的布艺是东南亚家居的最佳搭档

各种各样色彩艳丽的布艺装饰是东南亚家居的最佳搭档。其中，泰丝抱枕是最常见的装饰品；也多见曼妙的纱幔、色彩深浓的窗帘等布艺装饰。在布艺色调的选用上，东南亚风情标志性的炫色系列多为纯度较高的色彩。

原木墙板

色彩丰富浓郁的地毯　　　　东亚纹饰布艺沙发

木雕座椅

东南亚风格玄关

琉璃吊灯　　　纱幔

佛塔摆件

佛像　　　　　东南亚吊扇灯

莲花图案装饰画　　　　　莲花图案装饰门

东南亚风格过道

纸面吊灯　　　　纱幔　　　　　　　　佛塔摆件　　　　　　　　　　东亚风情高挑花瓶

佛头装饰　　　　　　　　　莲花香薰台　　　木雕装饰摆件

131

第十二章

地中海风格

　　地中海家居风格泛指在地中海周围国家所具有的风格。其软装色彩与硬装类似，干净的蓝白色，以及体现自然的木色都很常见，也常用黄色、橘色等具有阳光般色彩的亮色做点缀。在装饰物中，材质上常见木质、布艺和铁艺；在造型上海洋风情的元素最为适用，如帆船、船舵、救生圈等。

配色
地中海风格配色不需要太多技巧，只要以简单的心态捕捉光线、取材大自然即可。

形状图案
地中海风格无论造型，还是图案，均体现出民族性与海洋性。

材料应用
在地中海风格的家居中，冷材质与暖材质皆应用广泛。

家具特征
在为地中海风格的家居挑选家具时，最好选一些比较低矮的家具，可以令视线更加开阔。

装饰品选用
地中海风格的装饰一方面需要表达出海洋般的美感，另一方面，空间氛围十分注重绿化，因此少不了绿植的身影。

地中海风格客厅

地中海拱形门　　　　　　　　彩色琉璃壁灯

布艺家具

条纹布艺沙发　　海洋风墙纸

蓝白条纹窗帘　　　　　　　铁艺装饰品

条纹布艺靠枕　　　　白色摇椅

拱形门　　鹿角灯

条纹布艺沙发

地中海拱形背景墙

地中海彩绘玻璃灯　　帆船造型装饰

地中海风吊灯　　贝壳、海星等装饰

TIPS

▼

地中海风格空间可以利用
绿植来彰显自然味道

　　地中海风格的家居非常注重绿化，爬藤类植物是常见的居家植物，小巧可爱的绿色盆栽也常常出现。花盆方面，带有古朴味道的红陶花盆和窑制品就很好，可以充分体现出地中海风格的质朴感觉，同时又不乏自然气息。

圣托里尼装饰画　　鹿角吊灯

圣托里尼装饰画　　　　　实木电视柜

蓝白条纹布艺沙发　　　　救生圈装饰

擦漆木家具　　蓝色棉麻布艺沙发

蓝白条纹布艺坐凳

地中海风格玄关

腐蚀感实木

船型收纳柜　　　　　　　　地中海吊扇灯

地中海拱形门　　　　　　　蓝色曲线桌椅

蓝白格纹沙发　　　　海星图案装饰画

铁艺吊灯　　　　　多色布艺靠枕组合

地中海风格过道

地中海拱形窗　　　　　　　　　　马赛克修饰

救生圈装饰　　　　　　　　　　船型家具

VR全景家装
设计风格图典

理想宅 IDEAL HOME

餐厅·厨房·卫浴

理想·宅 编著

北京希望电子出版社
Beijing Hope Electronic Press
www.bhp.com.cn

目录
Contents

小贴士
TIPS

第一章
现代风格

现代风格是以德国包豪斯学派为代表的建筑类型为标志的设计。该学派在当时的历史背景下，强调突破旧的传统，创造新的建筑，并反对多余的装饰，崇尚合理的构成工艺，尊重材料的性能，重视建筑结构自身的结构形式美。在包豪斯的影响下，当时的欧洲形成了造型简洁，功能合理，布局以不对称的几何形态为特点的建筑设计风格，并波及现代风格的室内设计领域。

配色

若追求冷酷和个性，全部使用黑、白、灰的配色方式会更淋漓尽致；喜欢华丽、另类的活泼感，可采用强烈的对比色，如红绿、蓝黄等配色。

形状图案

现代风格空间中除了横平竖直的方正空间外，还会在空间中加入直线型、圆形、弧形等几何结构，令整体空间充满造型感的同时体现创新、个性的理念。

材料应用

现代风格一般喜欢使用新型的材料，尤其是不锈钢、铝塑板或合金材料；也可以选择玻璃、塑胶、强化纤维等高科技材质，来表现现代时尚的家居氛围。

家具特征

现代风格家具是一种比较时尚的家具，大胆鲜明的对比、强烈的色彩布置，以及刚柔并济的选材搭配，让人在冷峻中寻求现实的平衡。

装饰品选用

现代风格不拘泥于传统的逻辑思维方式，探索创新的造型手法，追求个性化。在软装饰品的搭配中常把夸张变形的，或是具有现代符号的饰品融合到一起。

VR 全景案例 25

VR 全景案例 26

现代风格餐厅

抽象装饰画　　实木板式餐桌

板式餐桌　造型灯具

板式长餐椅　　金属色吊灯

造型灯具　　实木板式长桌

半球吊灯　　白漆板式餐桌

线条简练的板式餐桌　马卡龙色组合吊灯

TIPS

**用丰富的色彩为现代风格餐厅
带来"食欲"**

　　有种说法为"色彩能够影响人的情感和
食欲",因此作为美食的承载地——餐厅的色
彩选择就显得尤为重要。在现代风格的餐厅
中,可以选择暖色系来进行搭配,例如黄色
系、橙色系、粉色系、红色系都能令空间洋
溢出温馨的感觉,令人心情愉悦。

多色拼接地砖　　造型吊灯

玻璃+金属材质的餐桌

造型灯具　　实木造型顶面

白色抛光砖　　金属+皮革餐椅

造型吊灯　混材餐桌

线条简练的板式餐桌椅　特殊造型墙柜

金属不规则灯　金属餐桌

金属质感吧台椅　金属＋皮革餐椅

个性牛头装饰　实木板式餐桌

抽象艺术画　　　白色板式餐桌

抽象艺术画　　　混材宽大座椅

金属色餐桌　　　金属色餐桌

不锈钢灯具　　　玻璃隔断

板式长餐桌　　　　　　　　鱼线组合吊灯　　　　　　不锈钢球灯　　　玻璃饰品

透明圆球灯　金属蜘蛛网椅　　　　　　　　　线条简练的板式餐桌

实木板式餐桌　　　　　　造型顶面　　　　　　　　金属色半球灯　　　　　　金属＋皮革沙发

金属组合吊灯　　大理石地面　　　　　　　　玻璃摆件　　　金属餐桌

板式长桌　　　　　实木复合地板　　　　　　　　不锈钢吧台桌

造型餐桌　　　　　绒面扶手椅　　　　　　　　装饰三联画　　　　　白色百叶帘

现代风格厨房

几何图案地砖　　　　　平直线条操作台　　　　　　　　　混合材质餐桌　　　抽象艺术画

金属灯具　　　　　　　　　　　　　　　　　蓝色直线条橱柜　玻璃球灯

金属装饰品　　　　　平直线条操作台　　　　　　金属不规则灯　线条简练的木质搁板

现代风格厨房设计原则

　　现代风格的厨房在装饰的选择上应遵循以少胜多、善用点睛之作的手法。例如对于厨房来说，墙面是最能体现装饰效果的地方，对墙壁稍修饰一番，整个厨房的感觉就可能大为改观。而对厨房墙壁的处理可以采用悬挂艺术画或装饰性的盘子、碟子，或其他精致的艺术品，这种处理可以真正增加厨房里的宜人氛围。此外从实用性的角度来说，厨房的装修材料最好沿用传统的方式，地面、墙面多采用瓷砖，其他家具采用密度板材。

几何图案地砖　　　　　　　　多彩直线条橱柜　　　个性黑板漆墙

板式收纳柜　　　　鲜艳色彩的吊柜　　　　　个性墙画

金属果盘　　　　　　金属收纳杠钩　　　　　　　　　　　　直线条家具

大理石台面　　　　　　造型座椅　　　　　　　　　　　　木柜门

现代风格卫浴

金属 + 布艺矮凳　　　　　个性造型浴室镜　　　　　瓷砖 + 木条装饰

大理石花纹墙砖　　　　造型灯具　　　　　几何图案拼接墙

金属色吊灯　　　金属框镜子

抽象感瓷砖　　　创意装饰画

直线条浴室柜　　　大理石纹墙砖

抽象艺术画

第二章

简约风格

简约风格的特色是将设计的元素、色彩、照明、原材料简化到最少的程度，但对色彩、材料的质感要求很高。因此，简约的空间设计通常非常含蓄，往往能达到以少胜多、以简胜繁的效果。以简洁的表现形式来满足人们对空间环境那种感性、本能和理性的需求，这是当今国际社会流行的设计风格——简洁明快的简约主义。

配色

简约风格通常以黑、白、灰色为大面积主色，搭配亮色进行点缀，这些颜色大胆而灵活，作为点缀色使用不单是对简约风格的遵循，也是个性的展示。

形状图案

简约风格用最直白的装饰线条体现空间和家具营造的氛围。因而一些简单的直线条、直角、大面积的色块被广泛地运用，进而凸显出空间的个性和宁静。

材料应用

简约风格不会用多余的材料装饰和复杂的造型设计，通常保持材料最原始的状态，以展现流动性和简洁性。

家具特征

简约风格的家具，讲究的是设计的科学性与使用的便利性。主张在有限的空间发挥最大的使用效能。家具选择上强调让形式服从功能，一切从实用角度出发。

装饰品选用

简约风格配饰选择应尽量简约，没有必要为了显得"阔绰"而放置一些较大体积的物品，尽量以实用方便为主；此外，陈列品设置应尽量突出个性和美感。

简约风格餐厅

直线条餐桌　　黑白装饰画　　　　多功能餐厨台

玻璃吊灯　　玻璃餐桌　　　　实木橱柜　直线条餐桌

鱼线形吊灯　纯色簇绒地毯　　　可调节灯具　原木餐桌椅

TIPS

▼

简约餐厅应以简单线条为主

　　简约意味着简练、优雅而不失亲切。这种风格既有实用性又颇为舒适，并在保持功能、美观和谐的基础上，允许个性化的创造与表现，在快节奏的生活中，满足精神和审美的需要。对于简约风格来说，无论是客餐一体式还是餐厨一体式，都应以简单的线条为主。但是简约不等于简单，适当的配饰和家具选择都是体现简约风格的重要组成部分。

高纯度彩色花瓶　　　　　　鱼线形吊灯　　　　　纯色地毯　　　　　特殊造型餐椅

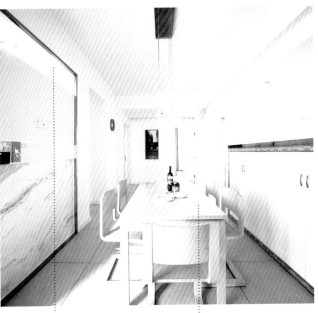

极简材质餐桌　　黑白装饰墙纸　　　　暗藏灯带　　　　直线条原木餐桌

纯净的玻璃花瓶　组合材质餐桌椅

原木餐桌　　极简造型布艺餐椅

黑色烤漆鱼线灯　　精致造型的餐椅

简约圆桌　　黑框装饰画

鱼线形吊灯

烤漆鱼线吊灯　　　　　烤漆鱼线吊灯　　　　　　　　　　直线条原木餐桌

极简造型餐桌　　　　　　　　　素雅的装饰画组

鱼线形吊灯　　　　鱼线形吊灯　　　　　　　　玻璃面餐桌

充满设计感的金属餐椅　　　　　简洁线条餐桌　　　藤编吊灯

极简灯具　直线条餐桌

简约造型装饰陈设

拼接抛光砖

鱼线形吊灯

白色卷帘　极简造型餐椅

组合材质餐椅

朦胧的素色纱帘

TIPS
▼

简约风格餐厅设计原则

与众多的其他风格一样，简约风格餐厅的布局一般有三种形式：独立的餐厅，这种餐厅要从空间位置、材料色彩、餐具摆放上进行合理规划来体现其简约风格；客厅－餐厅一体式，这两者之间需要采用灵活的处理，用简单的装饰品进行分隔，或者只做材料和色彩上的处理，就能轻易营造出风格特征；餐厅－厨房一体式，这种形式最为快捷方便，是简约餐厅的最佳选择，但值得注意的是，要控制好两者之间的距离，不能造成空间的使用不便。

镜面背景墙　　　　软木装饰墙

简洁又带有设计感的木皮吊灯

线条简练的原木餐桌　组合材质简洁造型餐椅

直线条餐桌　简洁造型的实木餐边柜

原木餐椅　造型灯具

带有展示功能的收纳柜

原木餐桌

素色纱帘　　　　　　　直线条板式餐桌

多功能收纳架　　　混合材质餐桌

多功能实木餐桌

直线条板式餐桌椅　　暗藏灯槽

无色系餐桌椅　　极简图案地毯

鱼线直筒射灯

直线条板式餐桌　　铁艺玻璃隔断

无色系餐椅

黑白装饰画　实木餐椅

简洁造型吊灯

简约风格厨房

直线条简洁橱柜

无色系橱柜

灰色通体砖

极简造型的橱柜

多功能餐厨台

淡雅色彩抛光砖

三脚吧台椅

带有收纳功能的隔断

黑色系简洁造型橱柜

直线条极简橱柜造型

简约风格卫浴

玻璃花瓶＋素雅花艺

无色系通体砖

多功能镜前柜

原木浴室柜

极简造型的浴室柜

直线条浴室柜

无色系通体砖

第三章

工业风格

　　工业风格的居室最好拥有足够的开敞和高度空间，例如 Loft 住宅，老房子，餐厅，或者直接由工厂或仓库改造而成。材料多运用工业材料，如金属、砖头、清水墙、裸露的灯泡，适当暴露点建筑结构和管道，墙面有些自然的凹凸痕迹最好。

配色
工业风格在色彩挑选方面可以选择黑白灰与红砖色调配，混搭交织可以创造出更多的层次变化，添加房间的时尚个性。

形状图案
工业风格是时下很多追求个性与自由的年轻人的最爱，扭曲或不规则线条，斑马纹、豹纹或其他夸张怪诞的图案广泛运用，用来凸显工业气质。

材料应用
工业风格的空间多保留原有建筑材料的部分容貌，例如把原始的墙砖或水泥墙面裸露出来，把金属管道或者水管等直接裸露出来等。

家具特征
一些水管风格家具、做旧的木家具、铁质架子、tolix 金属椅等非常常见，这些古朴的家具让工业风格从细节上彰显粗犷、个性的格调。

装饰品选用
各种水管造型的装饰、曾经身边的陈旧物品，在工业风格的空间陈列中拥有了新生命。羊头、牛头、水彩画、工业模型等细节装饰则是工业风的装饰表达重点。

工业风格餐厅

Tolix 椅

金属＋皮质座椅

红砖墙　　　明装射灯

造型各不相同的餐椅

裸露的管线

Tolix 椅

冷材质显现工业感

　　工业家居风格中，会大量使用到金属构件，体现出工业风格的冷调效果；而像红砖、水泥则是极具代表性的装饰材料，将后现代风格的粗犷美展露无余。另外，也会将玻璃、瓷砖、陶艺等材质综合地运用于室内装修中。

红砖墙　　　　　　明装有轨射灯　　　　　　　　　　　　　　明装射灯　　　　　　水泥背景墙

裸露的顶面

裸露的顶面　　　　　　　　　　　　红砖墙

钢木餐桌椅　　　　　　　　　　　　红砖墙

金属花器　　工业齿轮造型挂钟

粗犷豪放的灯具　　亮黄色老虎椅　　　　　　　　　钢木餐桌椅

水泥粉光地　　　金属高脚椅　　　　　　　　　　　　金属镂空座椅

半透明玻璃隔断　　　　　　　　　　　裸露的管道

红砖墙

线索悬浮吊灯   不加修饰的墙面

金属框架皮面餐椅   砖墙

红砖墙   做旧钢木扶手椅

钢木餐椅　　　　　　　　　水管装饰　　　　　　　　　　　　　　　　裸露的管线

创意落地灯　　　　　　　　　　　　　　　　　　　　　粗犷豪放的灯具

自行车装饰　　　　　　　　裸露的管线　　　　　　　　　　　　　　　金属餐椅

玻璃球灯　　　　镂空座椅

Tolix 椅子

红砖墙　　　　　　　　　线索悬浮灯

钢木餐桌　　　　　线索悬浮吊灯

铁艺置物架

复古箱子茶几　　　太空铝皮吧台

水泥墙面

明装射灯　　　奶牛整皮地毯

工业风格厨房

粗犷豪放的灯具

创意黑板墙　　　　　涂漆砖墙

水泥感岛台

裸露的红砖　　　　钢木边几

贾伯斯吊灯　　　　不加修饰的顶面　　　　　　钢木吧台桌　　　　　　鱼骨地板

砖墙　　　　　　　贾伯斯吊灯　　　　　　　裸露的墙面

裸露的管道　太空铝皮操作台　　　　　　　工业感金属灯具

工业风格卫浴

TIIPS
▼

裸露的管线展现粗犷的工业感

工业个性对于管线的处理与传统装饰不同，不再刻意将各种水电管线用管道隐藏起来，而是将它作为室内的装饰元素，经过方位及色彩合作，打造出别有风趣的一道亮点装饰，属于推翻传统的装饰方法。

裸露的红色砖墙

粗犷气质的饰面板

不加修饰的水泥墙面

铁艺置物架

做旧感墙砖

第四章

北欧风格

北欧风格既注重设计的实用功能，又强调设计中的人文因素，同时避免过于刻板的几何造型或者过分装饰，恰当运用自然材料并突出自身特点，开创一种富有"人情味"的现代设计美学。在北欧风格中，崇尚自然的观念比较突出，从室内空间设计以及家具的选择，北欧风格都十分注重对本地自然材料的运用。

配色
北欧风格背景色大多为无彩色，也会出现像明亮的黄色、绿色作为点缀色。此外，大量的木色也会被用来提升自然感。

形状图案
北欧风格的图案往往为简练的几何图案，极少会出现繁复的花纹，常见的图案包括棋格、三角形、箭头、菱形花纹等。

材料应用
天然材料其本身所具有的柔和色彩、细密质感以及天然纹理，展现出一种朴素、清新的原始之美，代表着独特的北欧风格。

家具特征
北欧家具不仅追求造型美，更注重从人体结构出发，讲究它的曲线如何在与人体接触时达到完美的结合。

装饰品选用
北欧家具不仅追求造型美，更注重从人体结构出发，讲究它的曲线如何在与人体接触时达到完美的结合。

北欧风格餐厅

绿植装饰   原木餐桌   Y 型椅   黑框装饰画

黑框装饰画   白色镂空座椅

原木餐桌   混纺地垫   符合人体工学的家具餐椅   照片墙

原木是北欧风格的灵魂

原木家具是北欧风格的灵魂，这种家具产品的式样众多，造型大多简洁干练，功能实用并贴近自然。北欧风格的原木家具多以木材的本色出演，色调淡雅，局部会配上一些铁艺或石材做装饰，因此在挑选时可以做一些材质上的对比，从而增加氛围的活跃层次。

伊姆斯休闲椅　　　　深色棉麻布艺窗帘

鱼线形吊灯　　　　线条简练的壁炉

伊姆斯休闲椅　　　　麋鹿装饰画

白漆木质桌　　　　红色餐椅

伊姆斯休闲椅 　　魔豆灯

原木餐桌椅 　　几何图案地毯

丫型椅 　　鹿角壁挂

伊姆斯休闲椅 黑框装饰画

几何图案的地毯 黑色灯罩鱼线吊灯

几何图案靠枕

原木餐桌　　　　　伊姆斯休闲椅　　　　　　　绿植装饰画

Ｙ型椅　　　　　　绿色植物　　　　　　　　　绿植

金属灯罩灯　　　　伊姆斯休闲椅

原木家具　　金属灯罩灯

金属灯罩灯　　　网格置物架

金属灯罩灯饰

白色砖墙 + 照片墙　　　　　照片墙　　　　　白漆木质桌

鹿头壁灯　　　　　亚光鱼线吊灯　　　　　符合人体工学的家具

色彩明快的家具搭配

北欧风格居室中的色彩常以木色或无色系组成，配上大面积的白色墙面，会形成干净明快、自然之感的空间氛围，但为了避免只有无色系或木色的沉闷感和单调感，可以利用色彩明快但体积较小的软装进行点缀，增加活跃感的同时也不会破坏干净的氛围。

 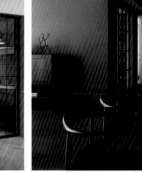

实木圆桌　　黑框装饰画　　　　　　　　　　　　　艺术网状吊灯　　原木餐桌

原木餐桌　　　　　　　油画布微喷挂画

绿植装饰物　　　　装饰画墙　　　　原木餐桌

麻编地毯　　原木餐桌椅　　　　黑框装饰画

北欧风格厨房

黑色灯罩灯   黑框装饰画   白漆木质桌   无色系装饰摆件

无色系装饰摆件

绿植   原木家具

符合人体工学的餐椅

绿植

艺术网状吊灯

土窑花瓶

小巧绿植

北欧风格卫浴

无色系花砖

小巧的边几

白色小方砖

照片墙

白色瓷砖

镂空铁艺脏衣篓

黑框装饰画

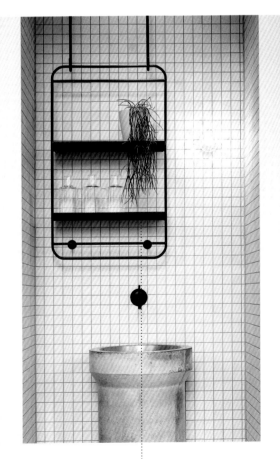

简洁造型黑色置物架

黑色磨砂五金件

第五章

中式风格

中式风格在设计上继承唐、明、清时期家具理念的精华，在古典元素提炼的基础上加入了现代设计元素，摆脱了原来复杂繁琐的设计缺陷，力求中式的简洁质朴。同时结合各种前卫的、现代的元素进行设计，变得更加赏心悦目；局部采用纯中式处理，整体设计比较简洁，选材广泛，搭配时尚，既彰显文化底蕴，又有现代温馨舒适的气息。

配色

中式风格色彩设计有两种形式，一是以黑、白、灰色为基调，效果较朴素；另一种是以红、黄、蓝、绿等作为点缀色彩，效果华美、尊贵。

形状图案

中式风格空间装饰多采用简洁、硬朗的直线条。搭配梅兰竹菊、花鸟图等彰显文雅气氛。

材料应用

中式风格的主材取材于自然，最能够表现出浑厚的韵味。但也不必拘泥，在适当的地方用适当的材料，即使是玻璃、金属等，一样可以展现中式韵味。

家具特征

中式的风格家具融入现代化元素，线条更加圆润流畅，体现了中式风格既遵循着传统美感，又加入了现代生活简洁的理念。

装饰品选用

以鸟笼、根雕、青花瓷等为主题的饰品，会给中式家居营造出休闲、雅致的古典韵味。

中式风格餐厅

改良中式餐椅　灯笼吊顶

中式陶瓷花瓶　　　　　中式纹饰隔断

水墨山水屏风　　　　　中式纹饰壁饰

改良圈椅　仿古灯

瓷器摆件　中式花纹屏风

线条简练的中式家具

中式风挂画

线条简练的中式家具是关键

中式餐厅总体布局遵循对称均衡、端正稳健的特点，细节上崇尚自然情趣。它不仅是一个空间的设计，更是蕴含了古老的中国文化，感受到的是古老国度的神秘和魅力，使人不禁去细细品味其"源"之所在，情之所系。装饰陈设包括字画、挂屏、盆景、瓷器、古玩、屏风、博古架等，追求的是一种修身养性的生活境界。

改良圈椅　　　　　　　　中式改良屏风

简练的圈椅　仿古灯

改良圈椅

简练的圈椅　　　　实木餐桌椅

线条简练的中式家具　　中式花艺

白瓷花瓶＋中式花艺

中式水墨挂画　　　　中式花艺

扇形装饰摆件

中式茶案　　　　青花瓷器

茶案　　实木板式餐桌

简约博古架　　　　茶案

仿古灯　　花草纹饰红色墙纸

中式餐厅设计的技巧

　　中式风格的餐厅设计并不需要面面俱到，如果墙面堆积的元素过多，给人的感觉沉闷，不利于调节氛围，会影响人的食欲，装饰要为人服务，因地制宜地进行设计才是最舒适的。餐厅墙面装饰的多少宜结合餐厅的面积进行具体规划，面积不大的餐厅，造型上可以以简约为主，搭配中式的装饰就很有味道。

灯笼吊顶　　　　　线条简练的中式家具　　　　　中式花艺

花鸟挂画装饰　　仿古雕花灯

祥云纹饰餐椅

简练的圈椅　　仿古台灯

现代化博古架

实木雕花圆桌　　实木雕花中式矮凳

灯笼造型壁灯　　中式桌旗

中式风格厨房

实木橱柜   仿古地砖

茶案   中式花艺

中式花艺

花卉装饰画

中式花艺

现代灶台＋传统橱柜

中式风格卫浴

───── TIPS ─────
▼

中式风格卫浴也可以展现中式韵味

　　中式卫浴和其他的家居空间一样，在满足了居者正常的需求下，可以通过色彩和装饰来营造出主题格调。在色彩上，传统的红棕色系及灰色系都能很好地体现中式风采，此外在新中式的卫浴中，白色也是经常用到的颜色。中式卫浴在装饰上除了可以选择富有中国元素的装饰画外，还可以将"卍"字格等能体现中式风格的元素运用到设计之中。

实木家具

传统造型浴室柜

线条简练的中式家具

中式纹饰洗脸盆

中式纹样洗脸柜

中式纹饰洗脸盆

回字纹装饰线

VR 全景案例 35

VR 全景案例 36

第六章

日式风格

日式风格运用几何学形态要素以及单纯的线面和面的交错排列处理，避免物体和形态突出，尽量排除多余痕迹，采用取消装饰细部处理的抑制手法来体现空间本质，并使空间具有简洁明快的时代感。

配色

日式风格在配色时通常要表现出自然感，因此树木、棉麻等本身自带的色彩，在日式风格中体现的较为明显。

形状图案

日式风格家居给人的视觉观感十分清晰、利落，无论空间造型，还是家具，大多为横平竖直的直线条，很少采用带有曲度的线条。

材料应用

木材在日式风格中十分常见，既表现在硬装方面，也表现在软装方面。硬装常见大面积的木饰面背景墙，营造出天然、质朴的空间印象。

家具特征

带有日式本土特色的家具，如榻榻米、日式茶桌等，大多材质自然、工艺精良，体现出一种对于品质的高度追求。

装饰品选用

日式风格装饰品有两大类，一种是典型的日式装饰，如和风锦鲤装饰、和服人偶工艺品等；另一种为体现日式风格侘寂情调的装饰，如清水烧茶具、枯木装饰等。

日式风格餐厅

传统造型浴室柜

樟子门　　　　　　日式挂帘

原木餐桌　　　　　　原木餐桌

实木餐桌椅　　　　充满禅意的绿植

低矮小巧的餐桌椅

竹木灯具　　　　　浮世绘装饰画

日式插花　　　　　木色纱帘　　　　　　　　　　　　实木餐桌

木质吊灯　　实木餐桌椅　　　　　　　　和风装饰画　　　素净无花餐具

日式风格厨房

陶瓷杯 白瓷花瓶   实木置物架   和风图案筷筒

白色方砖   蓝染布艺   和风摆件

日式风格卫浴

吞水木桶

实木装饰浴缸

实木浴桶

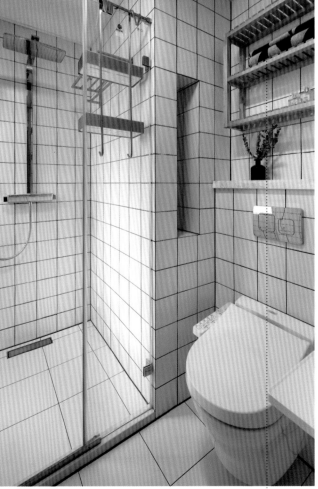

实木置物架

第七章

欧式风格

  欧式风格是经过改良的古典主义风格，高雅而和谐是其代名词。在家具的选择上既保留了传统材质和色彩的大致风格，又摒弃了过于复杂的肌理和装饰，简化了线条。因此简欧风格从简单到繁杂、从局部到整体，精雕细琢，镶花刻金都给人一丝不苟的印象。

配色
欧式风格色彩仍然具有传承的浪漫、休闲、华丽大气的氛围，但比传统欧式更清新、内敛。多以浅色为主深色为辅的搭配方式。

形状图案
欧式风格的线条代替复杂的花纹，软装加入大面积欧式花纹、大马士革图案等为空间增添欧式风情。

材料应用
欧式风格中的铁制品给人的印象非常深刻，通常选择金属色，传达出一种复古、怀旧的风味。

家具特征
欧式风格的家具主要强调力度、变化和动感，沙发华丽的布面与精致的描金互相配合，把高贵的造型与地面铺饰融为一体。

装饰品选用
欧式风格的装饰品讲求艺术化、精致感，如金边欧风茶具、金银箔器皿、玻璃饰品等都是很好的点缀物品。

欧式风格餐厅

金属框装饰画

欧式金属吊灯　　圆形石膏装饰线

大幅装饰油画　　　装饰挂镜

金属曲线餐椅　混合材质餐桌

欧式花艺　简化的复古餐椅

线条简化的复古家具　菱形图案地毯

TIPS ▼

餐边柜超强的收纳功能

欧式餐厅中一般放置餐边柜，它既具有收纳功能，可以放置碗碟筷、酒类、饮料等，还可临时放汤和菜肴用；同时也有装扮餐厅的功能。在餐边柜上还可放置相册、花盆等，使就餐环境更加温馨。需要注意的是餐边柜的大小要是与餐厅的面积符合，其颜色也要与餐厅的整体色彩一致。

欧式花艺　精致造型吊灯

曲线皮餐椅　　　　　金属装饰线

金属座椅　　　金属装饰镜

成对的壁灯

金属装饰线　　　　　　　　　深色欧式花艺

绒布高背椅　　　　　　　　罗马柱

烛台　　　　　　　高背餐椅

线条简化的复古餐椅

流苏窗帘

高背皮餐椅　　　　　　　简化罗马帘

金属摆件

欧式复古吊灯

高背皮餐椅　　金属色玻璃门

流苏窗帘　　　高背皮餐椅

欧式插花　　　浅条纹墙纸

无色系高背餐椅　　　欧式烛台吊灯

简化的复古餐椅　　　欧式水晶吊灯

欧式水晶吊灯

欧式餐具　　　欧式花艺

绒布高背椅　　　金属酒架

TIPS
▼

欧式风格餐厅设计要点

　　欧式餐厅的种类多样，有高贵华丽的古典餐厅，简约但不失优雅的简欧餐厅，也有清新自然的欧式田园餐厅，还有迷失在蓝色海洋中的地中海式餐厅。欧式古典餐厅采用艳丽的色彩、油画、罗马柱、壁炉等元素装扮，简欧式餐厅同时结合了古典与现代的装饰元素。欧式田园餐厅以白色为主打颜色，再配置以其他靓丽清新的色彩以及有小碎花的餐桌椅，使得整个餐厅充满了温馨和甜蜜。地中海式的餐厅则运用了海洋般的色彩，打造出了梦幻与浪漫的就餐环境。

铁艺枝灯

金属框装饰画　　　　　　　　　　花纹布艺高背椅

高背皮餐椅　　　　混材餐桌

曲线扶手餐椅

金属餐桌

流苏窗帘

欧式水晶灯　　　　　　　　　　装饰镜

混色高背餐椅　　　　金属框装饰画

欧式风格厨房

简单雕花橱柜

拼花地砖

欧式插花

欧式石膏线吊顶

欧式花艺

拼花墙砖

欧式卷帘

简洁雕花橱柜

流苏窗帘　欧式烛台吊灯

斜拼墙砖

直线条橱柜

欧式风格卫浴

带有视觉美感的瓷砖最适合欧式卫浴间

　　卫浴的湿度非常大，因此在设计卫浴的墙面时一定要考虑到防水性。欧式卫浴墙面常用亚光砖、防水壁纸、马赛克等材料，一般选择用浴缸正后方的墙面作为主题墙，通过装饰画或者瓷砖等，使得浴室空间有视觉焦点。

欧式插花

镜面柜门

金属吊灯

欧式花艺

金属框装饰画

流苏装饰

烛台　　　欧式花艺

第八章

法式风格

　　法式风格是一种推崇优雅、高贵和浪漫的室内装饰风格，讲究在自然中点缀，追求色彩和内在的联系。法式风格往往不求简单的协调，而是崇尚冲突之美。法式风情风格的主要特征是布局上突出轴线的对称，恢宏的气势，豪华舒适的居住空间；追求贵族的奢华风格，高贵典雅；细节处理上运用了法式廊柱、雕花、线条，制作工艺精细而考究。

配色

法式风格擅长用洗白处理具有华丽感的配色，展现风格特质与风情。主色多见白色、金色、深木色等。

形状图案

法式风格多见多变的曲线和涡卷形象，每一体边和角都可能是不对称的，变化极为丰富，令人眼花缭乱。

材料应用

法式风格很多时候会采用手绘装饰、洗白处理或金漆雕花，尽显艺术感和精致情调。

家具特征

法式风格的家具表面略带雕花，配合扶手和椅腿的弧形曲度，显得更加优雅。在用料上，一直沿用樱桃木，极少使用其他木材。

装饰品选用

法式风格的装饰品多会涂上靓丽的色彩或雕琢精美的花纹。这些经过现代工艺雕琢的工艺品，能体现出法式风格的精美质感。

法式风格餐厅

猫脚餐椅　　花卉墙纸

帘头华丽的罗马帘　　法式餐具

蕾丝餐桌布　法式水晶台灯

华丽的水晶吊灯　　描金漆家具

—— TIIPS ——
▼

法式家具实现了艺术与功能的完美统一

法式风格的家具排除了造型装饰追求豪华、故作宏伟的成分，夸大了曲面多变的流动感。柔婉、优美的回旋曲线，精细、纤巧的雕刻装饰，再配以色彩淡雅秀丽的织锦缎或刺绣包衬，实现了艺术与功能的完美统一。

硬木雕刻绒布餐椅 华丽的水晶吊灯

人物雕像　描金漆餐椅

流苏裙边餐椅套

雕花复古烛台

描金漆餐椅　　　　铁艺花鸟壁饰

猫脚家具　　　　帘头华丽的罗马帘

法式水晶台灯　　　花卉墙纸＋护墙板

帘头华丽的罗马帘　　　　描金漆家具　　　　大幅人物装饰油画

法式铁艺吊灯

装饰油画

硬木雕刻餐桌　　　猫脚餐椅

大幅人物装饰油画　　　水晶烛台吊灯

水晶烛台吊灯

猫脚家具　　　　　　尖腿座椅

皮毛座椅　　　　华丽的水晶吊灯

花纹繁复的镜框　　华丽的水晶吊灯

水晶烛台吊灯　　花纹繁复的镜框

帘头华丽的罗马帘

硬木雕刻餐桌　　缎面贝壳餐椅

猫脚家具　　　　水晶烛台吊灯

铁艺水晶吊灯　　花卉墙纸 + 护墙板

花纹繁复的镜框　　描金漆餐桌椅

织锦缎家具　　　　华丽石膏装饰线

法式风格厨房

罗马帘

法式花纹墙纸　　尖腿椅

法式果盘

油画

法式风格卫浴

欧式烛台装饰　　　　　欧式高背椅　　　宫廷插花

水晶烛台吊灯　　　金色花纹墙纸　　　复古花器　　　拱形浴室镜

华丽的水晶吊灯　　　石膏装饰线

罗马帘

VR 全景案例 41

VR 全景案例 42

第九章

美式风格

　　美式风格有着欧式的奢侈与贵气，同时结合了美洲大陆的不羁，既剔除了许多羁绊，又能找寻到文化根基，贵气、大气又不失自在、随意。同时，美式风格着重体现自然感，大量天然材质和绿植的运用即为最好的说明；空间讲求变化性，很少为横平竖直的线条，而是通过拱门、家具脚线来凸显设计的独到匠心。

配色
美式风格配色离不开来源于自然的色调，如绿色、土褐色均较为常见。美式风格也常用旧白色作为主色，红、白、蓝的比邻配色也会出现。

形状图案
美式风格门、窗也都圆润可爱，可以营造出舒适和惬意感觉。但在家具的造型上，会出现大量线条较为平直的板式家具。

材料应用
美式风格追求天然、纯粹，因此木材是必不可少的室内建材，通过独特的造型可为室内增加一抹亮色。

家具特征
美式家具虽然线条更加简化、平直，但也常见弧形的家具腿部；少有繁复雕花，而是线条更加圆润、流畅。

装饰品选用
美式风格属于自然风格，各种繁复的花卉、盆栽，是其非常重要的装饰元素，而铁艺饰品、自然风光的装饰画等，也是美式空间中常用的物品。

美式风格餐厅

线条简化的实木餐桌　亮色擦漆餐椅

花鸟装饰画

混色花纹羊毛地毯　　温莎椅

温莎椅　棉麻布艺吊灯

点状性插花＋宽口玻璃花瓶

实木餐桌椅　　装饰镜

比邻配色可以有效提升餐厅活力

比邻配色最初的设计灵感来源于美国国旗,基色由国旗中的蓝、红两色组成,具有浓厚的民族特色。另外,这种对比强烈的色彩可以令餐厅空间更具视觉冲击,有效提升餐厅活力。除了蓝、红搭配,还衍生出另一种比邻配色,即红、绿搭配,配色效果同样引人入胜。

纯铜吊灯　　　　红色亮漆温莎椅　　　　旧木色斗柜　　　　纯色棉麻地毯

公鸡摆件　　　点状性插花　　　　　　弧形单人椅

带铆钉的皮餐椅　　　铁艺蜡烛造型灯具

弧形单人椅　　　棕色樱桃木餐桌

线条简化的实木餐桌

弧形扶手餐椅

实木餐桌椅

条纹餐椅坐垫　　　小巧的绿植

棉麻＋硬木框架餐椅　　自然花卉装饰画

簇绒地毯

线条简化的木家具

棉麻布罩灯具　　　　榉木封闭漆餐椅

小巧的绿植

铁艺家具

带铆钉纯色皮椅　　条纹墙纸　　　　　　　　　　　　　胡桃木餐桌

纯铜吊灯　　原色樱桃木餐椅　　　　带铆钉实木皮面椅　　原木餐桌

美式风格厨房

弧形扶手椅

实木家具

实线条简化的木橱柜

小巧的绿植

玻璃花瓶

仿旧操作台

金属拉锁木柜

实木橱柜

线条简化的实木餐桌

铁艺吊灯

白色灯罩吊灯

金属拉锁橱柜

胡桃木橱柜

美式风格卫浴

**简化使用天然材质营造兼具
现代感与自然感的卫浴**

美式风格擅于将天然材质运用到空间之中，例如板岩、木材的使用。但在卫浴空间中，会适当降低天然材质的使用量，只在局部设计，例如墙面、吊顶处，再搭配线条简洁的家具，营造出自然且现代的风格。

石材纹路瓷砖

花鸟装饰画

铁艺＋藤布收纳筐

黄铜壁灯

铁艺装饰

第十章

田园风格

　　田园风格讲求心灵的自然回归感，令人体验到舒适、悠闲的空间氛围。装饰用料上崇尚自然元素，不讲求精雕细刻，越自然越好。田园风格的居室还要通过绿化把居住空间变为"绿色空间"，可以结合家具陈设等布置绿化，或做重点装饰与边角装饰，比如沿窗布置，使植物融于居室，创造出自然、简朴的空间环境。

配色
由于英式田园风格和韩式田园风格均属于自然风格，因此来源于自然的色彩，如木色、红色、绿色等在两种风格中的曝光率均较高。

形状图案
田园风格既可以出现较为平直的线条，也可以容纳曲线，门窗上半部多做成圆弧形，吊顶部分有时会用带有花纹的石膏线勾边。

材料应用
田园风格的墙面大多均涂刷纯色乳胶漆，有时也会出现壁纸、护墙板等局部设计。地面材质上，常选择仿古砖、木地板等亚光材质。

家具特征
田园风格家具线条细致精美，更加注重形态，家具形态往往呈现"低姿"特色，很难发现夸张造型的家具。

装饰品选用
装饰品的选择上，一种为具有自然感的装饰物，可以营造浓郁的田园风情。另一种为带有本土特征的装饰物，可以在细节处将风格特征恰到好处得体现。

田园风格餐厅

条纹桌布　　　鹅黄色实木餐椅　　　花卉图案卷帘　　　清爽花艺

实木餐桌　　　绿色餐边柜　　　实木餐椅

TIPS
▼

田园风格软装色彩要体现出
清雅的复古韵味

　　由于田园风格以追求自然韵味为风格理念，因此除了带有浓郁自然气息的棕色系被大量使用外，红色、绿色等具有活力和生机的色彩也会常用。需要注意的是，红色、绿色等色彩不宜大面积使用，多作为点缀色的软装出现，且色调一般以浊色为主，少见浓烈、抢眼的纯色调。

铁枝布艺吊灯　　　　　　　　素色棉麻窗帘

格子布艺卷帘　　　　铁艺烛台灯

花卉绿植装饰画　　　　花朵造型吊灯

条纹坐垫　　　　　　　　花卉图案帘头　　　　　　　　　　花纹图案布艺坐垫

花卉壁纸　　　铁艺花朵造型吊灯　　　　　裙边坐垫　　　　白漆实木高脚椅

田园风格厨房

手绘复古铁艺装饰

自然花卉装饰

盘状装饰

实木 + 玻璃橱柜

盘状装饰

田园风格卫浴

自然花艺

纯色布帘

小巧成对壁灯

碎花布艺窗帘

花卉木雕门

编藤收纳

裙皱窗头帘

自然花卉装饰画

第十一章

东南亚风格

东南亚风格是一种结合东南亚民族岛屿特色及精致文化品位的设计，就像个调色盘，把奢华和颓废、绚烂和低调等情绪调成一种沉醉色，让人无法自拔。这种风格广泛地运用木材和其他的天然原材料，如藤条、竹子、石材等，局部采用一些金属色壁纸、丝绸质感的布料来进行装饰。在配饰上，那些别具一格的东南亚元素，如佛像、莲花等，都能使居室散发出淡淡的温馨与悠悠禅韵。

配色

东南亚风格常用夸张艳丽的色彩冲破视觉的沉闷，常见神秘、跳跃的源自大自然的色彩。

形状图案

东南亚风格图案主要来源于两个方面：一种是以热带风情为主的花草图案，另一种是极具禅意风情的图案。

材料应用

东南亚风格室内取材基本是源于纯天然材料，如藤、木、棉麻、椰壳、水草等，这些材质会使居室显得自然、古朴。

家具特征

东南亚风格的家具有来自热带雨林的自然之美和浓郁的民族特色，制作上注重手工工艺带来的独特感。

装饰品选用

东南亚风格的工艺品富有禅意，蕴藏较深的泰国古典文化，也体现出强烈的民族性，主要表现在大象饰品、佛像饰品的运用。

东南亚风格餐厅

木雕座椅

木雕画　大象造型装饰

绿植图案餐具　　藤编座椅

锡器　　　　　　　　　　木雕画

挂盘装饰　　　藤编座椅

藤编扶手椅　　　热带风情插花

木器碗筷　　　藤编餐垫

实木边几

实木餐椅　木雕餐边柜

佛像

藤制座椅

木皮灯具　　热带雨林图案装饰墙画

带有浓郁地域特色的窗帘　实木雕花座椅

藤编餐椅　　东南亚纹饰墙纸

无雕花实木餐桌

镂空雕花餐桌

锡器　　　实木餐桌

佛像　　　藤椅

泰丝靠枕　　　　　　椰壳板装饰　　　　　　　　实木餐桌

编藤餐椅　　　　　　热带感绿植

东南亚风格厨房

东南亚特色花纹瓷砖

实木椅

编织样式橱柜门

热带感绿植装饰

东南亚风格卫浴

雕花金铜壁灯

木雕画   木雕浴室柜

实木色浴室柜   热带装饰花艺

佛像

花枝壁灯

纱幔

纱幔

佛像

第十二章

地中海风格

空间的穿透性与视觉的延伸性是地中海风格的要素，室内居室强调光影设计，一般通过大落地窗来采撷自然光线。建筑空间内的圆形拱门及回廊通常采用数个连接或以垂直交接的方式，再加上纯美、大胆的配色方案，天然、质朴的材料呈现，整体风格体现出无拘无束、浑然天成的设计理念。

配色

地中海风格带给人地中海海域的浪漫氛围，充满自由、纯美气息。色彩设计从地中海流域的特点中取色，配色时不需要太多技巧大胆而自由地运用色彩、样式即可。

形状图案

地中海风格无论造型，还是图案，均体现出民族性与海洋性。造型方面沿用民居的造型外观，线条十分圆润；图案方面则常见海洋元素，清新而凸显风格特征。

材料应用

地中海风格的家居中，冷材质与暖材质皆应用广泛。暖材质主要体现在木质和棉织布艺上，冷材质主要表现在铁艺和玻璃饰物上。

家具特征

地中海风格家具比较低矮，可以令视线更加开阔。同时，家具线条以柔和为主，可以用一些圆形或是椭圆形的木制家具，与整个环境浑然一体。

装饰品选用

地中海风格的装饰一方面需要表达出海洋般的美感，如大多饰品具有海洋元素的造型，并且材质多样。另一方面，空间氛围十分注重绿化，因此少不了绿植的身影。

地中海风格餐厅

蓝色吊顶假梁

地中海拱形门　救生圈装饰

条纹布艺餐椅

蓝色吊顶假梁　　　　　　　　　　　风灯装饰

白色＋蓝色餐椅　　　地中海拱形装饰窗

圣托里尼手绘墙　　　　　　　　　　地中海拱形门

仿古砖　　　　　地中海吊扇灯

TIPS

地中海风格空间可以利用
绿植来彰显自然味道

　　地中海风格的家居非常注重绿化，爬藤类植物是常见的居家植物，小巧可爱的绿色盆栽也常常出现。花盆方面，带有古朴味道的红陶花盆和窑制品就很好，可以充分体现出地中海风格的质朴感觉，同时又不乏自然气息。

地中海风装饰窗　　格子餐桌布

船型装饰　　　条纹布艺

擦漆木家具

擦漆木家具　　　　　铁艺吊灯

白色＋蓝色条纹布艺　　　　藤编花篮

地中海吊扇灯　　　　蓝色藤面餐椅

藤椅　　　颜色鲜艳的装饰花

地中海拱形门

地中海风格厨房

蓝白条纹餐椅

圆木顶面

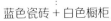

蓝色瓷砖 + 白色橱柜

海洋风地垫

海洋风墙砖　　　　　海洋色马赛克

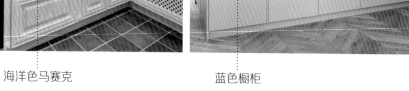

海洋色马赛克　　　　　蓝色橱柜

地中海风格卫浴

蓝色碎砖

实木浴室柜

清爽蓝色瓷砖

地中海彩绘玻璃灯

蓝色马赛克

蓝色马赛克

地中海彩绘玻璃灯

清新的海洋风装饰砖

VR全景家装

设计风格图典

卧室·书房

理想·宅 编著

北京希望电子出版社
Beijing Hope Electronic Press
www.bhp.com.cn

目录
Contents

小贴士
TIPS

VR 全景案例 49

VR 全景案例 50

第一章

现代风格

　　随着 19 世纪末工业革命的成功，由此给艺术领域所带来的冲击超过了以往任何一个时期，同时也宣告了农业社会的结束与工业社会的开启。从那以后，新兴的艺术流派层出不穷，但是没有一个现代艺术流派在实质上超过了抽象主义对现代建筑与室内艺术的贡献。1919 年包豪斯学派成立，第一批教师当中就有抽象主义的开山鼻祖瓦西里·康定斯基和保罗·克利等人。抽象艺术因此成了现代风格的指导方针和精神源泉。

配色	形状图案
红色系	几何结构
黄色系	直线
黑色系	点线面组合
白色系	方形
对比色	弧形

材料应用	家具特征
复合地板	布艺沙发
不锈钢	线条简练的板式家具
文化石	躺椅
大理石	造型茶几
木饰墙面	

装饰品选用

抽象艺术画

时尚灯具

玻璃制品

金属工艺品

现代风格卧室

金属台灯

抽象艺术画　　　　　条纹布艺床品

色彩鲜艳的床巾　　　　抽象装饰画

金属背景墙　　　　　无色系床品

抽象艺术装饰画　　　　玻璃门隔断

造型夸张的单人床　　　　个性造型衣帽架

TIPS

现代风格卧室色彩的运用法则

在设计卧室时可以通过对颜色的配置来营造卧室的空间环境。现代风格的卧室对颜色的选择不是特别固化，既可以用稍浅的暖色系为空间营造恬淡清新的氛围，也可以用灰色系为空间打造出冷调的大气感；而几种跳跃色彩的配合使用，则能为卧室带来活泼的气息，但要注意的是，不能一味追求潮流与个性而选择太多艳丽的色彩，原则上卧室中的色彩不宜超过三种。

金属吊灯　　　　　　　金属饰面板　　　　　线条简练的双人床

折纹图案靠枕　造型夸张的棉麻墙饰　　平直线条布艺双人床　不规则金属吊灯

玻璃＋金属茶几　　平直线条双人床

鲜艳色彩靠枕　　实木床头柜

线条简练的板式床头柜

兽纹图案的床巾

几何图案靠枕　　金属吊灯

不规则几何造型地毯

金属装饰品

纯色绒毛地毯

浅纹路墙纸

布艺双人床　　　　　混合材质躺椅　　　　　镜面装饰　　　　　几何图案靠枕

金属灯罩落地灯　　　　色彩鲜艳的墙纸　　　　抽象艺术画　　　　直线条布艺双人床

不规则造型地毯　　　　造型个性的书桌　　　　　个性墙纸　　　　　创意图案的靠枕

玻璃隔断　　　　　板式双人床　　　　　线条简练的板式家具　　　　玻璃隔断

透明球椅　　　　　板式双人床　　　　　高光金属渔网造型灯具　　　　造型贝壳椅

直线条双人床

金属相框装饰　　　纯色无花靠枕

几何背景墙装饰

长方形装饰镜　　　板式边柜

创意造型床头柜　　　抽象艺术画

个性造型床头柜　　　　　　　　亮色单人椅　　　个性花纹墙纸　混色布艺床头

线条简练的板式双人床　　　　　　　　　个性图案墙纸　　　　色彩鲜艳的窗帘

帘头简洁、色彩跳跃的棉麻窗帘　　　　　　　　　金属修饰床头柜

TIPS

**用床品色彩为现代风格卧室制造点
"新鲜"感**

　　卧室的颜色搭配别忘了床上用品的色彩和图案，它们可以说是卧室的中心色，其他的纺织物品都需要与之呼应。有些业主想在现代风格的卧室中制造点"新鲜"感，但又不愿意将这种改变表现在不容易改变的硬装上，这样可以试着改变一下床品的色彩。因为床品本身面积就较大，摊铺开来，很容易成为空间的视觉焦点。

星芒造型吊灯　　　　色彩鲜艳的抱枕

个性造型衣柜　　板式收纳柜

无框联画　　　　几何图案地毯

皮毛靠枕　　创意装饰画

金属吸顶灯　黑色布艺双人床

几何图案床品　　　深色布艺平开帘

金属装饰品

几何图形地毯　　　　　　镜面装饰

帘头简洁、色彩跳跃的棉麻窗帘

造型夸张的皮面床头

现代风格书房

几何图案墙纸　　　无色系台灯

板式书柜　　　多色条纹地毯

金属座椅　　　板式收纳柜

童趣墙纸贴画

几何拼接地毯　　　　钢木＋实木材质书桌　　　　　　　金属材质书桌　　　　　　板式书柜

个性亮眼台灯　　　　金属摆件　　　　　　　　　　　多色书柜

　　　　线条简练的书桌　　　　创意装饰画　　　　　　　　　　　　　　　金属地球仪　　　不锈钢落地灯

　　　　　　　创意造型摆件　　　　　　板式书桌

造型座椅　　　　　　板式书柜

金属摆件　　　　　　金属台灯

造型边几　　　　鹅黄色布艺单人椅

混合材质不规则书桌　　　机器人摆件

第二章

简约风格

　　简约主义源于 20 世纪初期的西方现代主义，是由上个世纪 80 年代中期对复古风潮的叛逆和极简美学的基础上发展起来的。90 年代初期，开始融入室内设计领域。简约起源于现代派的极简主义，简约主义发展至今，虽然在造型上做到没有任何装饰，减少到几乎无以复加，但是很注意简单的几何造型的典雅，因此达到简单但是丰富的效果。进入 21 世纪，随着材料学的发展，绿色设计、可持续发展性设计等思想的引入，简约主义又一次进入了大众的视野。

配色

无彩色系

高纯度色彩

浅冷色

单一色调

形状图案

直线

直角

几何图案

大面积色块

材料应用

纯色涂料

条纹壁纸

抛光砖

镜面 / 烤漆玻璃

家具特征

低矮家具

直线条家具

多功能家具

带有收纳功能的家具

装饰品选用

纯色地毯

黑白装饰画

金属果盘

灯槽

简约风格卧室

直线条双人床　　　实木曲线梳妆台

极简抽象装饰画　　　素色棉麻平开帘

直线条素色布艺睡床　　　净版单色床品

简约造型个性床前灯　亮黄色布艺靠枕

直线条布艺双人床　　　直线条木色柜

黑白装饰画　　黑色极简落地灯

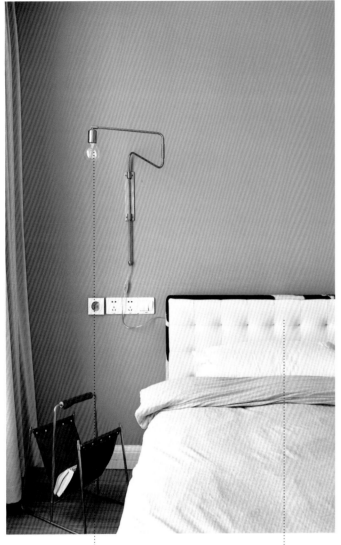

TIPS

重视功能的简约型卧室的装饰理念

　　"少即是多"强调的是不再把钱花在购买昂贵的装饰材料和繁琐的造型堆砌上。可以说，真正影响卧室氛围的是家具、陈设和艺术装饰品。墙面、地面及吊顶只是为其提供一个表现的背景。摆放几件造型、色调都不复杂的家具，放上一两件喜爱的装饰品，一间自然、简洁的卧室就诞生了。

金属壁灯　　　　净版单色床品　　玻璃台灯　　　　黑白装饰画

极简造型灯具　　直线条皮面双人床　　　　　　多功能双人床

条纹床品

极简装饰画　　极简造型衣柜

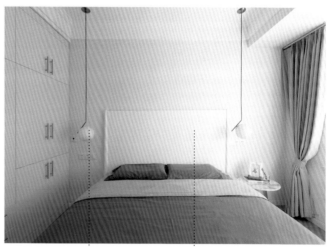

鱼线形吊灯　　极简造型睡床

带有收纳功能的双人床　　　　白色书桌

鱼线形吊灯　直线条板式睡床

纯色床品　　　　多功能衣柜　　　　简约造型衣柜　　　　纯色无花床品

极简装饰画　简单造型装饰摆件　　　　直线条衣柜　　　　多功能睡床

带有收纳功能的飘窗　　　　创意墙灯　　　　折纹地毯　　　　单色床品

白色铁艺双人床   纯色簇绒地毯

极简造型床头柜   纯色棉麻平开帘

多功能睡床　　　　高纯度色彩座椅　　　　高纯度彩色花瓶　　　　可调节灯具

直线条布艺双人床　　　简约造型白色床头柜

直线条布艺双人床　黑白装饰画　　　　　　条纹墙纸

简约风格卧室最经济的材料选择

对于卧室而言，最为重要的功能特性便是舒适，能够让人平静地休息、睡眠。因此，在简约风格卧室的装修中，材料的选择非常重要。从经济的角度来说，卧室的材料选择无外乎板材、涂料、壁纸以及布艺、玻璃等，其中前三种材料在实际中应用得最多，也最节省装修费用，并且十分符合简约风格的特质。

直线条皮面床头　　　　射灯组合

多功能置物架　　　　　　　　　直线条白色床头柜

天鹅椅　　朦胧的素色纱帘　　　　　　　　　条纹棉麻床品　　直线条双人床

原木直线条双人床　　　　　　单人椅　　　　　鱼线形吊灯　　　　简约装饰

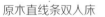
金属摆件　　　　　　　　　　　　　　　　黑白装饰画　　　　极简造型衣柜

复古摆钟装饰   皮毛床巾

黑白装饰画   直线条定制柜

射灯组合   黑白装饰画

多功能床头柜   复合木地板

简约造型床头柜   亮色鱼线形吊灯

净版纯色床品   纯色簇绒地毯

简约风格书房

组合材质书桌椅　　　原木书桌　　　　　　多功能实木书桌　　　黑白装饰画

简约造型书桌椅　　　极简造型书桌　　　　无色系极简家具

直线条简洁样式书柜

黑白装饰画　　　　简洁造型单人椅

纯色窗帘＋素色纱帘

创意装饰画　　　　无色系单人椅

黑白装饰画　　多功能茶几

低矮实木书桌

原木墩　　　　实木躺椅

板式书柜　　　纯色地毯

隐藏灯带

TIPS

用中性色调吻合简约风格书房的特质

采用高度统一的色调装点简约风格的书房是一种简单而有效的设计手法，完全中性的色调可以令空间显得稳重而舒适，十分符合书房的特质。需要注意的是，必须让这种高度统一的空间中有一些视觉上的变化，如空间的外形、选用的材质等，否则就会显得单调。

无色系金属落地灯　　　　　　　平直线条书桌

可折叠灯

线条平直的收纳柜　　　白色球形单人椅

多功能电视柜　　　　　直线条书桌柜

无色系直线条书柜

直线条书桌　　　纯色棉麻窗帘

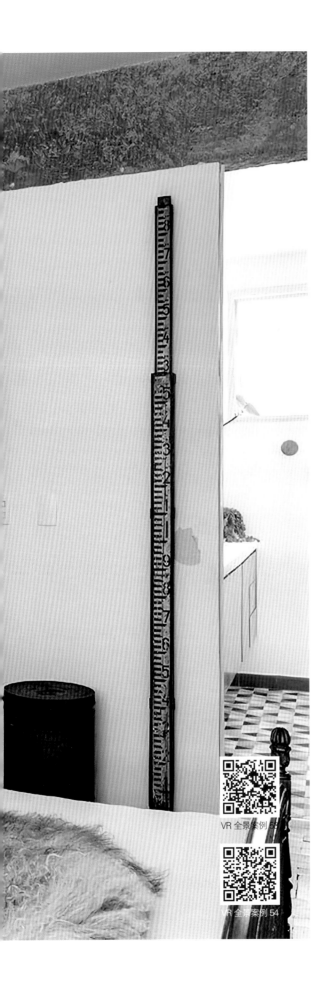

第三章

工业风格

工业风格起源于 19 世纪末的欧洲，就是巴黎地标——埃菲尔铁塔被造出来的年代。很多早期工业风格的家具，正是以埃菲尔铁塔为变体。它们的共同特征是金属集合物，还有焊接点、铆钉这些公然暴露在外的结构组件；当然更靠后的设计又融进了更多装饰性的曲线。二战后，美国在材料和工艺运用上日趋成熟，塑料、板材、合金等更丰富的材料越来越多被运用到工业家具设计里。工业风格在美国被发扬光大，广泛用于酒吧、工作室、LOFT 住宅的装修中。

配色
黑白灰

木色系 / 褐色系

对比色

色彩的纯度对比

没有主次之分的色调

材料应用
艺术玻璃 / 烤漆

红砖（墙）

水泥

皮革

装饰品选用
抽象工艺品

水管风格装饰

动物造型装饰

斑驳的老物件

形状图案
曲线

弧线

非对称线条

扭曲 / 不规则线条

几何形状

家具特征
创意家具

不规则家具

金属材质的家具

对比材质的家具

工业风格卧室

裸露的顶面　　　　　　　　砖墙　　　　　　红砖墙　　　　灰色系棉麻床品

金属线条隔断　　　　　　水管装饰　　　　　　　　裸露的灯泡

钢木座椅　明装射灯　　　　裸露灯泡梳妆台

TIPS

丰富的细节装饰也是工业风格表达的重点

在工业风格的空间中，选用极简风的鹿头，大胆一些的当代艺术家的油画作品，有现代感的雕塑模型作为装饰，也会极大地提升整体空间的品质感。这些小饰品别看体积不大，但是如果搭配得好，不仅能突出工业风格的粗犷，还会显得品味十足。

铁艺双人床　　　　　　　　　红砖墙

可移动谷仓门　　　　水泥灰背景墙

水泥灰地砖

毛皮地毯

明装射灯

自行车装饰

工业风格书房

铁艺置物架　　　　　　　　恐龙骨模型

恐龙骨模型　　　　　　蛋椅

红砖墙　　　粗犷豪放的灯具

钢木书桌　　　　　红砖墙

钢水书桌　　　混材天鹅椅　　　　　金属摆件

红砖墙

创意装饰画　　　红砖墙　　　　　　　奶牛整皮地毯

工业风格软装搭配技巧

　　工业风格的基础色调无疑是黑白色，辅助色通常搭配棕色、灰色、木色，这样的氛围对色彩的包容性极高，所以可以多用彩色软装、夸张的图案去搭配，中和黑白灰的冰冷感。除了木质家具，造型简约的金属框架家具也能带来冷静的感受，虽然家具表面失去了岁月的斑驳感，但金属元素的加入更丰富了工业感的主题，让空间利落有型。

钢木椅

鹿头装饰　　裸露的砖墙

金属框架实木书桌

裸露的管线

金属座椅

水管装饰书架

红砖墙

太空铝皮桌子　不加修饰的顶面

创意装饰画　Tolix 椅子

第四章

北欧风格

北欧设计学派主要是指欧洲北部四国挪威、丹麦、瑞典、芬兰的室内与家具设计风格。在 20 世纪 20 年代，服务大众的设计主旨决定了北欧风格风靡世界。北欧风格将德国的崇尚实用功能理念和其本土的传统工艺相结合，富有人情味的设计使得它享誉国际。它于 40 年代逐步形成系统独特的风格。北欧设计的典型特征是崇尚自然、尊重传统工艺技术。

配色

白色

灰色

浅蓝色

浅色 + 木色

纯色点缀

形状图案

流畅的线条

条纹

几何造型

大面积色块

对称

材料应用

天然材料

板材

石材

藤

白色砖墙

家具特征

板式家具

布艺沙发

带有收纳功能的家具

符合人体曲线的家具

装饰品选用

简约落地灯

木相框或画框

照片墙

绿植

北欧风格卧室

无色系简约壁灯　　纯色净版床品

照片墙　　原木双人床

瓶插花　　黑框装饰画

金属座椅　　极简无花床品

原木板式双人床　　极简无花床品

绿植　　极简无花床品

白色 AJ 台灯

黑框装饰画　绿植

绿植装饰三联画 极简无花床品

棉麻无色系床品　原木床头柜

照片墙　　　　　伊姆斯休闲椅　　　　　　　　　极简无花床品　　　　　照片墙

鹿头壁挂　　　　　　　　牛皮地毯　　　　低矮的原木床头柜　　　　棉麻布艺床品

板式双人床

黑框装饰画　　　原木色床头柜

金属灯罩吊灯　　　黑框装饰画

绿植装饰画　　　金属灯罩灯饰

极简无花床品　　黑框装饰画

极简无花床品　　原木双人床

极简无花床品　　太空椅

木框装饰画

无色系无花床品

几何图案靠枕　照片墙

黑框装饰画　　　符合人体工学的躺椅

AJ 台灯　　　　金属灯罩灯

绿植装饰画　　　金属灯罩灯

原木板式睡床　照片墙

TIPS

▼

织物是北欧风格卧室的主角

　　北欧风格卧室中把常见的动物、植物以一种图案化的、简洁的方式表达出来。受地域影响，在寒冷漫长的冬日，北欧织物决不能缺少活泼的几何图案，多种多样的织物图案展现了北欧风格的活力感。

几何图案靠枕　　　　　　黑框装饰画

亮黄色布艺靠枕　　　　　原木床头柜

照片墙

白漆木质搁板　　　黑框装饰画

照片墙　　　绿植

金属灯罩壁灯　　　极简无花床品

北欧风格书房

伊姆斯休闲椅　　　　　　　绿植

黑框装饰画　　艺术网状吊灯

白漆木质桌

伊姆斯休闲椅　　　　　亮黄色收纳柜

符合人体工学的书桌椅

黑框装饰画

伊姆斯休闲椅

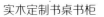

实木定制书桌书柜

可折叠书桌

黑框装饰画

魔豆灯　　　原木板式书桌　　　　　　　　　　　黑框装饰画

伊姆斯休闲椅　黑框装饰画　　　　　　　网格置物架　　　　　玻璃瓶观赏植物

原木板式书桌　　　　　　　熊椅　　　　　　　　　　　照片墙

白色格纹桌布　　　　　　　　　　　　　　伊姆斯休闲椅

第五章

中式风格

20世纪末，随着中国经济的不断复苏，在建筑界涌现出了各种设计理念，而后国学的兴起，也使得国人开始用中国文化的角度审视周身的事物，随之而起的中式风格设计也被众多的设计师融入其设计理念。中式风格不是纯粹的元素堆砌，而是通过对传统文化的认识，将现代元素和传统元素结合在一起，以现代人的审美需求来打造富有传统韵味的事物，让传统艺术在当今社会得到合适的体现。

配色

白色

白色 + 黑色 + 灰色

黑色 + 灰色

黄橙色系

吊顶颜色浅于地面与墙面

材料应用

木材

竹木

青砖

石材

中式风格壁纸

装饰品选用

仿古灯

青花瓷

茶案

花鸟图

水墨山水画

形状图案

门洞

中式镂空雕刻

中式雕花吊顶

直线条

梅兰竹菊

家具特征

圈椅

简约化博古架

线条简练的中式家具

现代家具 + 清式家具

中式风格卧室

圆形山水挂画　　刺绣缎面靠枕

水墨造型背景墙　　中式纹饰靠枕

仿古灯具　　缎面靠枕

手绘中式纹饰床头柜　花鸟装饰墙纸

仿古台灯　水墨山水画装饰

中式纹饰靠枕　　仿古灯

中式卧室背景墙层次感的营造

　　中式风格非常讲究层次感的营造，人在卧室的时间较长，所以卧室背景墙的层次感更重要。层次感可以通过造型、不同材料和不同色彩的搭配等三种方式来营造，而窗棂、花格的运用，却可以让平面的造型出现层次，是中式风格的特色，在卧室中可恰当地运用。

无雕花架子床　　　　青花图案地毯

刺绣缎面床品　　　中式实木双人床

陶瓷摆件　　　　　　景德镇陶瓷台灯　　水墨山水画装饰　　仿古壁灯

青花瓷器装饰　　　　　　　　山水挂饰　　　　　　　　　　　　　　　　中式纹饰床品

无雕花架子床　　　　　　　泼墨山水装饰画　　　　　　　　　水墨山水装饰画

鸟类装饰　　　　　无雕花架子床

莲花装饰

扇形装饰　　　　　无雕花架子床

线条简练的中式衣架 景德镇陶瓷台灯　　　　　　　　　无雕花架子床

TIPS

中式风格卧室中床头与背景墙的搭配

　　床头和背景墙在色调上要搭配得舒适、融洽，中式风格不适合对比强烈的色调搭配，以低调而富有内涵为佳。在进行背景墙造型设计时要将床头部分的造型考虑进去，若先装修，后选家具则搭配要和谐；若先选择床，则可将床头元素搬到背景墙上，使两者看上去是一套设计。

景德镇陶瓷台灯　刺绣缎面床品

简练中式实木衣柜　　　　　　　　中式纹饰双人床

对称中式造型台灯　　　刺绣缎面靠枕

水墨山水画装饰

中式古箱床尾柜

中式水墨装饰画

中式风格书房

字画装饰　笔挂装饰

线条简练的中式家具

灯笼吊灯　简练的圈椅

中式矮凳

简练的官帽椅　　简约博古架

线条简练的中式家具　　回字纹地毯

实木书桌　　文房四宝

青花瓷画缸　　陶瓷装饰

简练的圈椅　　仿古落地灯

景德镇陶瓷台灯

用窗户中和中式书房的沉闷感

中式家具的颜色较重，虽可营造出稳重效果，但也容易陷于沉闷、阴暗，因此中式书房最好有大面积的窗户，让空气流通，并引入自然光及户外景致。此外也可以在书房内造些山水小景，以衬托书房的清幽。

简约博古架   中式水墨壁挂画

简练的圈椅

青花瓷图纹画缸

线条简练的圈椅

灯笼落地灯　　实木雕花书桌

花鸟挂画装饰　　　　笔挂装饰

中式纹饰地毯

扇形装饰

古韵桌旗　　　　　简约博古架　　　　　中式花艺　　　　　中式屏风

花鸟挂画装饰　　　　　仿古落地灯　　　　　改良官帽椅

灯笼落地灯　　　　　　　假山造型装饰摆件

中式矮凳　简化官帽椅

线条简练的中式家具　　　　简约博古架

简约博古架 + 文房四宝

第六章

日式风格

　　日式风格又称和式风格，起源于中国唐代。日本学习并接受了中国初唐低矮案的生活方式，一直保留至今，并形成独特完整的体制。在日本明治维新以后，西洋家具伴随西洋建筑和装饰工艺强势登陆日本，对传统日式家具形成巨大冲击，但传统日式家具并没有因此消失，而是产生了现代日式家具。因此，在现代日式风格中，"和洋并用"的生活方式被大多数人所接受，全西式或全和式都很少见。

配色

原木色

米黄色

白色 + 浅木色

木色 + 白色 + 黑色

形状图案

横平竖直的线条

樱花图案

山水图案

木格纹

材料应用

原木

白灰粉墙

藤

草席

家具特征

榻榻米

低矮家具

传统日式茶桌

升降桌

装饰品选用

蒲团

日式推拉格栅

清水烧

浮世绘

日式风格卧室

白色纯棉床品　　　　　　　　　　　　　　　低矮原木双人床

无色系装饰画　小巧台灯　　　　　日式插花　　　　　　　实木衣架

原木衣柜　　　　纯色无花床品　　　　　　布艺双人床

避免采用纯度和明度过高的色彩

在日式风格的家居中，不论是家具，还是装饰品，色彩多偏重于浅木色，可以令家居环境更显干净、明亮。同时，也会出现蓝色、红色等点缀色彩，但以浊色调为主，因为纯度和明度过高的色彩，会打破空间的清幽感。

纯色纯棉床品　　　　　实木复合地板

原木梳妆台　　　　　　日式挂帘

实木地板　　　　　纯色床品　　　　　多功能小巧造型书桌　布艺矮凳

柚木定制衣柜　　　　　木材饰面板　　　　　淡雅花艺

日式风格书房

清水烧茶具　　日式茶桌

原木书桌

地台升降桌　　　蒲团坐垫

榻榻米　　　地台升降桌

蒲团坐垫　　　榻榻米

地台升降桌　　淡雅花艺

原木板式书桌　　　　　　　浮世绘装饰画　　　　　　　　　　　　　　实木书桌

地台升降桌　　　　　　榻榻米

和风宣纸灯具　　　　榻榻米

榻榻米床　　实木布艺灯罩落地灯

原木直线条书桌

原木羊皮落地灯　　原木板式书桌

VR 全景案例 61

VR 全景案例 62

第七章
欧式风格

　　生活在现代繁杂多变的世界里，人们向往简单、自然又能让人身心舒畅的生活空间；同时，纯正的古典欧式室内设计风格适用于大户型与大空间，在中等或较小的空间里就容易给人造成一种压抑的感觉，于是设计师们便利用室内空间的解构和重组，将欧式风格加以简约化、质朴化，打造一个看上去明朗宽敞舒适的家，来消除工作的疲惫，忘却都市的喧闹，在简约空间中也能感觉到欧式的宁静和安逸，这就是简欧风格的来源。

配色

白色 / 象牙白

金色 / 黄色

暗红色 / 酒红色

冷色系

白色 + 黑色

材料应用

石膏板工艺

镜面玻璃顶面

花纹壁纸

护墙板

软包墙面

装饰品选用

铁艺枝灯

欧风茶具

线条繁琐且厚重的画框 / 相框

雕塑

形状图案

波状线条

欧式花纹

装饰线

对称布局

雕花

家具特征

线条简化的复古家具

曲线家具

真皮沙发

皮革餐椅

欧式风格卧室

蓝色缎面床品　　　　　　金属花器　　　　金属装饰线　　缎面床巾

金属材质床头柜　镜面装饰　　　　　皮面拉扣双人床　　皮面床尾凳

欧式鲜艳插花　　　　大理石纹装饰画　　　　欧式烛台吊灯　　　简洁石膏装饰线

欧式风格卧室中新增其他的功能

　　欧式风格的卧室除了美观大气，还非常注重休闲的功能。很多业主在选择装饰欧式风格的家居时，会要求在卧室中新增休闲功能。人们通常在卧室的阳台上设置一块小小的休闲区域，放置一套桌椅，以便休憩；或者在卧室内放上一套影音设备，将卧室变成第二个视听区。

纯色缎面床品　　　　金属框装饰画

流苏窗帘

几何图案布艺靠枕

简约石膏装饰线　　　　　　　菱形图案地毯　　　　　　　　简约实木架子床　　　　　　金铜成对壁灯

高背皮面扶手椅　　　　　　　　　豹纹皮毛床巾

欧式烛台吊灯　　星芒装饰镜

皮面床尾凳　　曲线睡床

线条简化的复古双人床　　欧式烛台吊灯

曲线床尾凳　　雕花双人床

皮毛床品　　金属台灯

雕花床头柜　　软包床头

金属框装饰画

软包床头 成对的台灯

拉扣软包床头 装饰镜

星芒装饰镜　　　成对水晶台灯　　　　成对的壁灯　　　软包床头

皮面曲线双人床　　　　　　　缎面靠枕组合　　　欧式花纹墙纸

铁艺枝灯　　　　　　　　　　软包床头　　　简化罗马帘

TIPS
▼

欧式风格卧室背景墙设计要点

　　欧式卧室背景墙也秉承了欧式风格奢华、大气的特点，它虽然风格华丽，但给人一种舒适的感觉。背景墙常用壁纸、石材，甚至是具有现代感的印花玻璃等材质来打造。此外，它还通过拱形门、罗马柱等独具欧式特色的造型来装饰背景墙面。

皮面床头

欧式大花图案床品

现代造型装饰镜　　　　　绒布座椅　　　　　　星芒装饰镜　　　　　金属＋木框架座椅

欧式插花　　　　　欧式水晶片吊灯　　　　曲线拉扣双人床　金属装饰线

金属框装饰画　　　　　　弯腿缎面床尾凳　　　雕花床头柜

欧式风格书房

欧式花艺

斑马纹地毯　　混材书桌

陶瓷花器　　金属小书架

混材书桌　　多色窗帘

铁艺枝灯　实木框架皮面座椅

改简复古书桌椅　欧式复古书柜

金属框装饰画　　　　绒布高背椅

描金简化书柜　　　　　石膏雕像　　　　菱形图案地毯

TIPS ▼

精致陈设品烘托欧式书房精雅别致

　　书房既是办公学习的地方，也是家庭生活的一部分，也需要有装饰物进行修饰，这其中充满古典感的精致摆件便是最佳点缀物。石膏雕像、金银箔器皿、古典乐器等都能够给书房带来优雅别致的装饰效果，也更有利于居室风格的呈现。这些点缀物不仅可以烘托空间氛围，增强历史文脉特色，而且与浓郁的书香相得益彰，展现出精致化的艺术效果。

金属书架　　　　　　　　　　欧式花艺

大花混纺地毯　　　　　菱形图案墙纸

复古唱片机装饰

石膏雕像 　　　　　　　　　　几何线条地毯

雕花扶手椅

皮面高背工作椅 　　　　　　　金属台灯

皮毛地毯 　　　金属吊灯

线条简化的扶手椅

第八章

法式风格

17 世纪的法国室内装饰是历史上最丰富的时期，使法国在整整 3 个世纪内主导了欧洲潮流，而此时其国内主要的室内装饰都由成名的建筑师和设计师来主持。到了法国路易十五时代，欧洲的贵族艺术发展到了顶峰，并形成了以法国为发源地的"洛可可"式家居装饰风格，一种以追求秀雅轻盈，显示出妩媚纤细特征的法国家居风格形成。

配色	形状图案
金色	C 形 /S 形 / 弧形 / 曲线
红色系	皱褶
象牙白	繁复的雕花
明快的色彩	花草纹

材料应用	家具特征
护墙板	雕刻家具
大镜面	猫脚家具
大理石	描金漆家具
软包	织锦缎家具
织锦	贵妃床

装饰品选用

水晶灯

油画

镀金装饰

华贵的地毯

罗马窗幔

法式风格卧室

几何图案混纺地毯　　　　　　　　华丽的帐幔　　　华丽的帐幔　　硬木雕刻床尾凳

描金漆猫脚家具　　　　　　　　　　　　白色碎花墙纸

TIPS
▼

优雅、舒适、安逸是法式风格的内在气质

　　法式风格多以自然植物为主，使用变化丰富的卷草纹样、蚌壳般的曲线、舒卷缠绕着的蔷薇和弯曲的棕榈。为了更接近自然，一般尽量避免使用水平的直线，每一条边和角都可能是不对称的，变化极为丰富，令人眼花缭乱，有自然主义倾向。

造型复古优雅的床尾凳　　复古华丽的窗帘

镀金家具

复古法式花器

帘头华丽的罗马帘　　　　硬木雕刻床头柜　　　　硬木雕花床头　　　　线条弯曲的高背扶手椅

大花羊毛地毯　　　描金漆单人床　　　　　　　　水晶烛台吊灯

硬木白色衣柜　　　　　复杂图案石膏线　　　　　　　　浪漫优雅的花艺

华丽的水晶吊灯　　　　硬木雕刻双人床

水晶烛台吊灯　挂盘装饰　　　　　镀金复古造型床头　　　　　铁艺装饰

描金漆床尾凳　帘头华丽的罗马帘　　水晶烛台吊灯　　华丽的帐幔

欧式花纹铁艺床　　　　　帘头华丽的罗马帘　水晶烛台吊灯

拉扣布艺床头

纯色缎面床品　白色四柱床

白色薄纱帐幔　缎面靠枕

华丽的帐幔

花纹繁复的镜框　描金漆床头柜

描金漆贵妃榻　水晶烛台吊灯

花朵纹案的羊毛地毯　　　　　　　　装饰镜　　　　　　　　　　　描金漆双人床

织锦缎布艺

法式风格书房

复杂花纹石膏装饰线

猫脚书桌　　　　欧式花纹窗帘

宫廷插花　　金色猫脚家具

擦漆实木书桌

花纹繁复的装饰镜　　猫脚梳妆台

华丽的水晶吊灯　　硬木金色雕花书桌

华丽的水晶吊灯　　帘头华丽的丝绒罗马帘

金框人物装饰油画　　水晶烛台吊灯

描金漆猫脚书桌

硬木雕花书桌椅　　描金漆书柜

华丽的水晶吊灯

帘头华丽的罗马帘

大幅人物装饰油画

硬木雕花书桌

带裙边锦缎椅套

第九章
美式风格

美式风格起源于 17 世纪，先后经历了殖民地时期、美联邦时期、美式帝国时期的洗礼，融合了巴洛克、帕拉第奥、英国新古典等装饰风格，是一种兼容并包的风格体现，形成了对称、精巧、幽雅、华美的特点。另外，由于美国是一个从殖民地中独立起来的国度，因此，美国文化具有非常显著的一个特征，即崇尚个性的张扬与对自由的渴望。

配色
旧白色
浅木色
比邻配色

形状图案
藻井式吊顶
圆润的线条（拱门）
浅浮雕
花卉、植物图案
鹰形图案 / 鸟虫鱼图案

材料应用
实木
棉麻布艺
仿古地砖
实木地板 / 实木复合地板

家具特征
线条简化的木家具
纯色布艺沙发
带铆钉的皮沙发
铁艺家具

装饰品选用
铁艺灯
自然风光的油画
大朵花卉图案地毯
铁艺装饰品
仿古装饰品

美式风格卧室

灰色纯棉布艺床巾　线条简化的实木床头柜　　　　几何图案墙纸　　　　　实木混材床头柜

原木装饰隔板　　　柚木＋铁艺置物架　　　　　　混合材质床尾凳

铆钉布艺扶手椅　　　无色系棉质床品　　　　　　米色棉麻床品　　　　胡桃木双人床

TIPS

利用装饰画色彩及形态为空间增加灵动性

在美式风格中，装饰画既可以是花鸟等来源于自然的题材，也可以是都市题材的画作；既可选用大幅装饰画，用色彩的明暗对比产生空间感，也可以选用两到三幅小型木框组合的装饰画，体现空间的自然、灵动。

硬木雕刻双人床　　花卉主题三联装饰画

几何图案地毯　　织锦绣花床巾　　　原色榉木双人床　　皮毛靠枕

几何图案羊毛地毯　　皮质座椅

白色纯棉床品

时尚图案棉质靠枕

复古丝绒床头造型　　带裙边床套

铁艺花朵吊灯　无雕花实木双人床　　　花纹棉麻平开帘　　铁艺枝灯

仿皮箱床头柜　蝴蝶图案装饰画

蝴蝶装饰画组　　　　　花纹布艺床品

原木色板式双人床　花卉装饰穿棉床品

黑色铁艺支架吊灯　　簇绒地毯

大花图案床品　　　　带铆钉布艺双人床

TIPS

线条简洁的木家具更贴近现代生活

美式风格的家具线条更加简化、平直，虽常见弧形的家具腿部，但少有繁复的雕花，此种家具在材质上保留了天然感，但在造型上则更加贴近现代生活。

黑色铁艺壁灯

柚木无雕花双人床　　　　木质挂钟装饰

蓝色温莎椅　　　　蓝色实木双人床

带铆钉布艺床头

实木双人床　　　　淡雅花卉墙纸

棉麻布艺＋硬木框架双人床

蓝色硬木四柱床　　　　　　　　鲜艳色彩平开帘

皮质＋硬木框架双人床

棉麻格纹床品

花卉壁纸

做旧实木床头柜　　　　　　　　铁艺枝灯

美式风格书房

皮曲贝壳椅　　　　褶皱窗帘头

胡桃木擦漆书桌　　　　折纹布艺靠枕

鹿头装饰墙饰　铁艺壁灯

TIPS

▼

乡村情愫工艺品体现出风格传承

　　美式风格在一定程度上依然保留了乡村情愫，因此装饰物的选择上也常用带有乡村题材的元素。其中鹿和鹰这两种动物形态在美式风格的装饰物中非常常见，体现出美式风格的历史传承。

几何羊毛地毯

绒面木框架椅子

第十章

田园风格

　　"田园风格"这一说法最早出现于20世纪中期，泛指在欧洲农业社会时期已经存在数百年历史的乡村家居风格，以及美洲殖民时期各种乡村农舍的风格。这种风格是早期开拓者、农夫、庄园主们简单而朴实生活的真实写照，也是人类社会最基本的生活状态。

配色

本木色

白色 + 绿色 + 本木色

白色 + 粉色

白色 + 粉色 + 绿色

比邻色点缀

形状图案

花草图案

格子

碎花

雕花

材料应用

天然材料

铁艺

大花壁纸 / 碎花壁纸

布艺（丝绒、棉布等）

家具特征

象牙白家具

碎花布艺家具

雕刻嵌花图案家具

仿旧家具

铁艺家具

装饰品选用

铁艺灯具

田园台灯

大花图案地毯

藤制收纳篮

带流苏的窗帘

田园风格卧室

碎花壁纸　　　　　　白色铁艺双人床

带裙边床品　花卉墙纸

粉色圆点窗帘　　　　满天星装饰干花

白漆曲线睡床　　碎花布艺

自然色和图案构成的窗帘

田园风格本质让人感到亲近和放松

　　清新淡雅的色彩，富有自然气息的原木，精致的碎花图案以及浪漫的拱形与优美的弧线，这些都能够衬托着温馨随意的乡村田园风情。利用恣意盎然的绿色植物能够使整个空间呈现出闲适自由的生活情趣，更能勾起人们心中对大自然的无限渴望，追求朴实的生活。

清新色彩的饰面板

碎花／万格靠枕　　　　做旧清新床边柜

花卉图案靠枕　　　　　　　仿旧衣柜

花鸟装饰画　花卉图案帐幔

条纹窗帘

方格墙纸

碎花墙纸　方格棉麻布艺窗帘

白色帐幔　花卉布艺床品

小碎花床品　白漆实木边柜

碎花墙纸　　　　缎面靠枕

带裙边布艺　　　田园风墙纸

仿旧家具

白色擦漆四柱床　　　粉白条纹墙纸

花卉墙纸　　　花卉图案扶手椅

田园风格书房

绿色植物

镂空椅背

条纹布艺窗帘

碎花高背扶手椅

碎花椅套　　花卉卷帘

条纹座椅椅套

带裙边布艺　　田园风墙纸

白色家具　　花卉座椅

第十一章

东南亚风格

东南亚风格是源于东南亚当地文化及民族特色，并结合现代人的设计审美而形成的一种装修风格。东南亚风格讲究自然性、民族性，同时讲究自然与人的和谐统一，静宜而精致，并融合了当地佛教文化，具有禅意韵味。

配色

原木色

褐色系

橙色系

紫色点缀

绿色点缀

形状图案

树叶图案

芭蕉叶图案

莲花、莲叶图案

佛像图案

火焰纹装饰

材料应用

木材

石材

藤

黄铜 / 青铜

金属色壁纸

家具特征

实木家具

木雕家具

藤艺家具

无雕花架子床

装饰品选用

佛手

木雕

锡器

大象饰品

泰丝抱枕

纱幔

东南亚风格卧室

藤编床头　　　　大象装饰画

纱幔　　泰丝抱枕

泰式雕花床　　　　泰丝抱枕

纱幔　　无雕花架子床

泰式雕花边柜

椰壳板背景墙

TIPS
▼

宗教相关的饰品更有风格感

东南亚灯光饰品的形状和图案多和宗教、神话有关。芭蕉叶、大象、菩提树、佛手等是饰品的主要图案。此外东南亚的国家信奉神佛，所以在饰品里面也能体现这一点。一般在东南亚风格的家居里面多少会看到一些造型奇特的神、佛等金属或木雕的饰品。

实木雕花架子床

佛头装饰　　　　　　　　　东南亚特色花纹床品

东南亚特色花纹边柜

带有浓郁地域特色的软装饰

纱幔　　　　　　泰式雕花衣柜

泰丝抱枕　　　色彩深浓的床品

东南亚特色花纹台灯

带有浓郁地域特色的挂毯

丝缎布艺窗帘

孔雀雕花衣柜　　　泰丝抱枕

无雕花架子床

带有东南亚特色花纹的地毯

东南亚吊扇灯

大象饰品

木雕台灯　　　东南亚特色花纹床品　　　　　带有浓郁地域特色的靠枕

热带风情墙纸　　泰式雕花床

无雕花架子床　　　　色彩深浓的窗帘　　　　　纱幔　　　热带绿植墙纸

泰式雕花家具

泰丝抱枕　　　　　纱幔　　　　　　纱幔　泰丝抱枕

带有浓郁地域特色的床品　　　纱幔　　　实木茶几　　　莲叶装饰

东南亚风格书房

木雕装饰品

东南亚特色风景墙纸

热带绿植图案装饰壁纸

木雕书柜

VR 全景案例 71

VR 全景案例 72

第十二章

地中海风格

地中海风格原是特指沿欧洲地中海北岸一线的居民住宅，之后随着地中海周边城市的发展，南欧各国开始接受地中海风格的建筑与色彩，慢慢一些设计师将这种风格延伸到了室内，并衍生成为地中海风格，是海洋风格的典型代表。

配色

蓝色 + 白色

蓝色

黄色

白色 + 原木色

白色 + 绿色

形状图案	材料应用
拱形	原木
条纹、格子纹	仿古砖
鹅卵石图案	白灰泥墙
吊顶假梁	细沙墙面
不修边幅的线条	海洋风壁纸

家具特征	装饰品选用
铁艺家具	地中海拱形窗
木质家具	地中海吊扇灯
布艺沙发	圣托里尼装饰画
船形家具	贝壳、海星等海洋装饰
白色四柱床	船、船锚、救生圈等装饰

地中海风格卧室

圣托里尼手绘墙　　　　白漆曲线睡床

贝壳、海星等装饰　　　白色＋蓝色棉织床品

圣托里尼手绘墙　　　船型床

吊顶假梁　　　　白漆四柱床

白色＋蓝色棉织床品

锻打铁艺床

蓝白色软装搭配是关键部分

地中海风格的卧室离不开经典的蓝白配色，家具材质多以线条简单且修边浑圆的木质家具为主，常应用色彩明快的棉织物作为搭配，布艺纹样多采用素雅的条纹和格子图案，让人感觉更轻松和惬意。

白色＋蓝色棉织床品　　圣托里尼装饰画

白色四柱床　　　　蓝色背景墙

白色＋蓝色棉织床品

白漆曲线床　　　　　白色＋蓝色棉织床品

船、船锚、船舵等装饰　蓝白色收纳柜

吊顶假梁

格子布艺

雕花床头

白色铁艺床　　　　擦漆木衣柜

硅藻泥装饰

轻纱的蓝色纱帘

擦漆木床　实木无雕花架子床

圣托里尼装饰画　船桨装饰墙饰

擦漆木家具

海洋风壁纸

地中海吊扇灯

铁艺吊灯　　　　海洋风装饰

白色＋蓝色棉织床品　　　　救生圈装饰

清新的海洋风装饰

白漆书桌　　铁艺吊灯

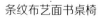

条纹布艺面书桌椅

擦漆木书桌